全国渔业船员培训统编教材
农业部渔业渔政管理局　组编

内陆小型船舶机驾

（内陆渔业船舶机驾长适用）

韩忠学　丁图强　张小梅　主编

何慕春　插图

中国农业出版社

图书在版编目（CIP）数据

内陆小型船舶机驾：内陆渔业船舶机驾长适用／韩忠学，丁图强，张小梅主编．—北京：中国农业出版社，2017.1（2021.3 重印）
全国渔业船员培训统编教材
ISBN 978-7-109-22661-6

Ⅰ.①内…　Ⅱ.①韩…②丁…③张…　Ⅲ.①内陆渔业-船舶操纵-技术培训-教材　Ⅳ.①U675.9

中国版本图书馆 CIP 数据核字（2017）第 013830 号

中国农业出版社出版
（北京市朝阳区麦子店街 18 号楼）
（邮政编码 100125）
责任编辑　郑　珂　黄向阳
文字编辑　刘昊阳

北京万友印刷有限公司印刷　新华书店北京发行所发行
2017 年 3 月第 1 版　2021 年 3 月北京第 2 次印刷

开本：700mm×1000mm　1/16　印张：9.25
字数：138 千字
定价：40.00 元
（凡本版图书出现印刷、装订错误，请向出版社发行部调换）

全国渔业船员培训统编教材
编辑委员会

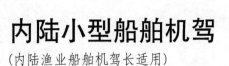

内陆小型船舶机驾

（内陆渔业船舶机驾长适用）

编写委员会

主　编　韩忠学　丁图强　张小梅

编　者　韩忠学　丁图强　张小梅

　　　　秦浩生　陈　亮

丛书序

安全生产事关人民福祉，事关经济社会发展大局。近年来，我国渔业经济持续较快发展，渔业安全形势总体稳定，为保障国家粮食安全、促进农渔民增收和经济社会发展作出了重要贡献。"十三五"是我国全面建成小康社会的关键时期，也是渔业实现转型升级的重要时期，随着渔业供给侧结构性改革的深入推进，对渔业生产安全工作提出新的要求。

高素质的渔业船员队伍是实现渔业安全生产和渔业经济持续健康发展的重要基础。但当前我国渔民安全生产意识薄弱、技能不足等一些影响和制约渔业安全生产的问题仍然突出，涉外渔业突发事件时有发生，渔业安全生产形势依然严峻。为加强渔业船员管理，维护渔业船员合法权益，保障渔民生命财产安全，推动《中华人民共和国渔业船员管理办法》实施，农业部渔业渔政管理局调集相关省渔港监督管理部门、涉渔高等院校、渔业船员培训机构等各方力量，组织编写了这套"全国渔业船员培训统编教材"系列丛书。

这套教材以农业部渔业船员考试大纲最新要求为基础，同时兼顾渔业船员实际情况，突出需求导向和问题导向，适当调整编写内容，可满足不同文化层次、不同职务船员的差异化需求。围绕理论考试和实操评估分别编制纸质教材和音像教材，注重实操，突出实效。教材图文并茂，直观易懂，辅以小贴士、读一读等延伸阅读，真正做到了让渔民"看得懂、记得住、用得上"。在考试大纲之外增加一册《渔业船舶水上安全事故案例选编》，以真实事故调查报告为基础进行编写，加以评论分析，以进行警示教育，增强学习者的安全意识、守法意识。

相信这套系列丛书的出版将为提高渔民科学文化素质、安全意识和技能以及渔业安全生产水平，起到积极的促进作用。

谨此，对系列丛书的顺利出版表示衷心的祝贺！

农业部副部长 于康震

2017 年 1 月

前　言

　　为贯彻落实《中华人民共和国渔业船员管理办法》（农业部令 2014 年第 4 号），根据《农业部办公厅关于印发渔业船员考试大纲的通知》（农办渔〔2014〕54 号）中关于内陆渔业船舶机驾长理论考试和实操评估的要求，在农业部渔业渔政管理局的指导下，由安徽省渔业船舶检验局、阜阳市水产管理局、阜阳市船员职业培训学校组织编写了《内陆小型船舶机驾（内陆渔业船舶机驾长适用）》一书。本书适用于船长在 12 米（m）以内、没有独立机舱的内陆小型渔业船舶上工作的机驾长的考试和培训。

　　编者根据内陆小型渔业船舶驾驶人员的文化水平、驾驶习惯、作业环境等实际情况，结合内陆渔业船舶作业特点和内河水上交通安全管理的要求，力求使本书达到浅显易懂、生动实用。

　　本书由韩忠学、丁图强、张小梅统稿，共分为四篇，第一篇渔船驾驶由秦浩生编写，第二篇中华人民共和国内河避碰规则由韩忠学编写，第三篇轮机常识由陈亮编写，第四篇职务法规由丁图强、张小梅编写，本书在编写过程中，得到了"全国渔业船员培训统编教材"编审委员会专家以及奚敏、王林、徐超、张金高等同志的宝贵意见和无私帮助，一并表示感谢。

　　限于编者水平，书中疏漏之处在所难免，恳请广大读者批评指出，以便在修订再版时进行完善。

编　者

2017 年 1 月

目 录

第一篇　渔船驾驶

第二篇　中华人民共和国内河避碰规则

第三篇　轮机常识

第四篇　职务法规

第一篇
渔 船 驾 驶

第一章 航道与气象

第一节 航道基本概念

一、航道

航道是指中华人民共和国沿海、江河、湖泊、水库、渠道及运河内可供船舶、排筏在不同的水位期通航的水域。航道由可通航水域、助航设施和水域条件组成。

1. 航道尺度

内河航道尺度是一定水位下的航道深度、航道宽度、航道弯曲半径和通航高度的总称。航道尺度随着季节的不同、水位的涨落变化而变化。洪水期航道尺度大，枯水期航道尺度小，但水上过河建筑物的通航高度则与之相反。

航道标准尺度又称航道维护尺度、航道保证尺度、航道保障尺度、航道最小尺度，是指在一定保证率的设计最低通航水位下，为保证标准船舶安全通航，航道所必须维护的最小航道尺度。包括航道标准深度、航道标准宽度和最小弯曲半径。

同一条河流，根据河段、船舶流量、密度等条件，可分段制定各自的航道标准尺度，通常情况下游河段航道标准尺度大于上游河段。

（1）**航道标准深度** 航道标准深度又称最小保证水深。它是设计代表船型在设计最低通航水位时，须保证的航道最小水深。

（2）**航道标准宽度** 航道标准宽度是指在设计最低通航水位时，设计代表船型或船队满载吃水航行所需的航道最小宽度，即整个通航期内航道中应保证的最小宽度。

航道标准宽度是由有关部门经过综合分析、计算得出的，一般以指令性的形式颁布执行。在制定航道标准宽度时要综合考虑代表船型或船队的尺度、队形、航行和操纵性能、航道条件、水流流态、气象要素等。

（3）**航道弯曲半径** 航道弯曲半径是指航道中心线的曲率半径，即航道弯曲处，其轴线圆半径长度。

（4）**通航净空尺度** 为保证船舶安全航行，河流上的水上过河建筑物，如桥梁、架空电缆和架空管道等建筑物下要有一定的安全航行空间，即具有一定的通航净空尺度，包括通航净空高度和通航净空宽度（简称为通航净高和通航净宽）。

2. 航道的分类

按航道所处的地域划分，可以把航道分为内河航道和沿海航道。

内河航道是指在内陆水域中用于船舶安全航行的通道。内陆水域包括江、河、湖、水库、人工运河及渠道等。其中，天然的内河航道又可分为山区航道、平原航道、潮汐河口航道、湖区航道、库区航道等。

如按航道的形成原因，可以把航道分为天然航道和人工航道；按管理属性，可以分为国家航道、地方航道和专用航道等。

3. 航道等级和航区

内河航道按可通航内河船舶的吨级划分，可分为七级。船舶吨级是按通航内河的驳船和货船设计载重吨确定的。通航 3 000 吨级以上船舶的航道列入 I 级航道；通航标准低于 VII 级的航道可称为等外级航道。内河航道等级划分见表 1-1。

表 1-1　航道等级划分

航道等级	I	II	III	IV	V	VI	VII
船舶吨位（t）	3 000	2 000	1 000	500	300	100	50

根据水文和气象条件，可以将内河船舶航行区域划分为 A、B、C 三级，其中，某些水域依据水流情况，又划分为急流航段，即 J 级航段。

二、内河航标

1. 内河航标的作用

内河航标，即内河助航标志，其主要作用是标示内河航道的方向、界限与碍航物，揭示有关航道信息，为船舶航行指出安全、经济的航道。

2. 决定河流左右岸的原则

按水流方向确定河流的上、下游，面向河流下游，左手一侧为左岸，右手一侧为右岸。水流流向不明显或各河段流向不同的河流，按下列顺序确定上、下游：① 通往海口的一端为下游；② 通往主要干流的一端为下游；③ 河流偏南或偏东的一端为下游；④ 以航线两端主要港埠间主要水流方向确定上、下游。

3. 左右岸航标的颜色和光色规定

① 左岸为白色（黑色），右岸为红色；不必区分左、右岸的内河航标按背景的明暗确定，其颜色是：背景明亮处为红色（黑色）；背景深暗处为白色。

② 光色左岸为绿光（白色），右岸为红光。

③ 内河航标灯质发光形式：定光、闪光、顿光、莫尔斯闪光。

④ 内河航标灯质颜色为：白光、红光、绿光、黄光。《内河助航标志》中发光周期和闪光持续时间规定为：发光周期≤6 s 和闪光持续时间≥0.4 s。

4. 内河航标的分类

按功能分为：航行标志、信号标志、专用标志，共三类十八种。

（1）航行标志 航行标志是指示航道方向、界限与碍航物的标志。包括沿岸标（图 1-1）、过河标（图 1-2）、导标（图 1-3）、过渡导标（图 1-4）、侧面标（图 1-5）、首尾导标（图 1-6）、左右通航标（图 1-7）、示位标（图 1-8）、桥涵标（图 1-9）、泛滥标（图 1-10），共 10 种。

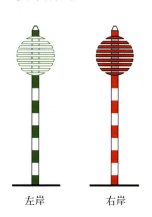

左岸　　　右岸

图 1-1　沿岸标

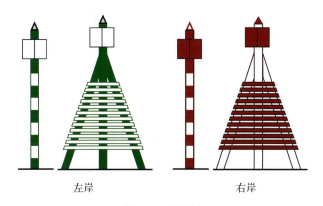

左岸　　　　　　　　右岸

图 1-2　过河标

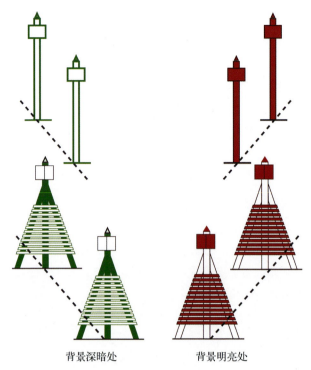

背景深暗处　　　　　　　　背景明亮处

图1-3　导　标

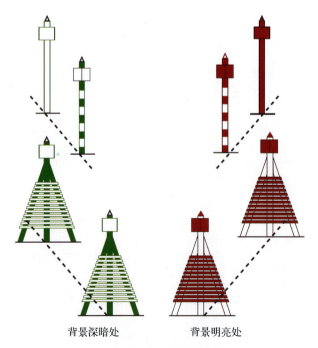

背景深暗处　　　　　　　　背景明亮处

图1-4　过渡导标

背景深暗处　　　　　　　　背景明亮处

图 1-5　侧面标

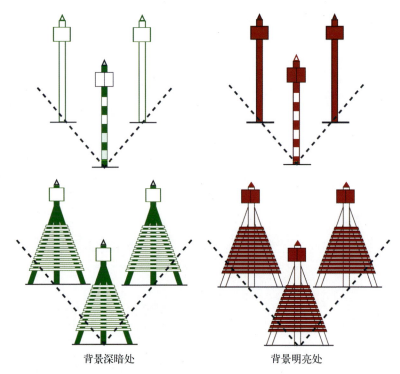

背景深暗处　　　　　　　　背景明亮处

图 1-6　首尾导标

图 1-7　左右通航标　　　　**图 1-8　示位标**

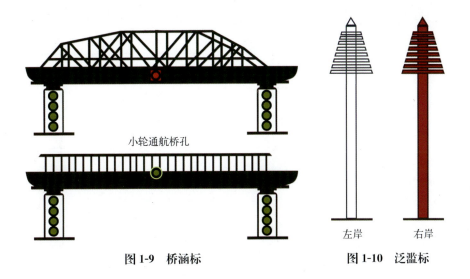

小轮通航桥孔

图 1-9 桥涵标

左岸 右岸

图 1-10 泛滥标

（2）**信号标志** 为航行船舶揭示有关航道信息的标志，称为信号标志，包括通行信号标（图 1-11）、鸣笛标（图 1-12）、界限标（图 1-13）、水深信号标（图 1-14）及横流标（图 1-15）。

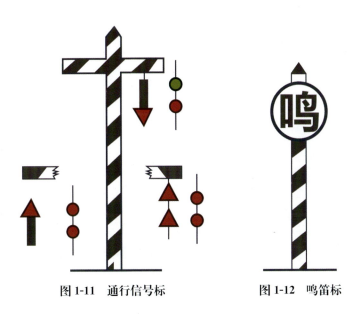

图 1-11 通行信号标

图 1-12 鸣笛标

数字	型号	灯号	数字	型号	灯号
1			6		
2			7		
3			8		
4			9		
5					

图1-13　界限标　　　　　　　　　　　图1-14　水深信号标

（3）专用标志　为标示沿岸、跨河航道的各种建筑物，或为标示特定水域所设置的标志，其主要功能不是为了助航的统称为专用标志。专用标志包括管线标（图1-16）及专用浮标（图1-17）两种。

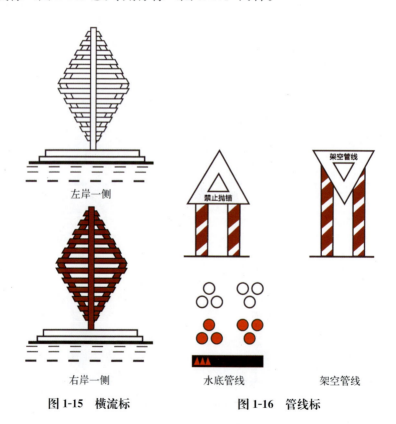

左岸一侧

右岸一侧　　　　　水底管线　　　　架空管线

图1-15　横流标　　　　　图1-16　管线标

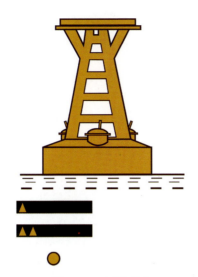

图 1-17　专用浮标

三、交通安全标志

1. 主标志

① 警告标志：警告注意危险区域或地点的标志。

② 禁令标志：禁止或限制交通行为的标志。

③ 警示标志：表明设施位置起警示作用的标志。

④ 指令标志：指令实施交通行为的表示。

⑤ 提示标志：传递与交通有关信息的标志。

2. 辅助标志

① 辅助标志是附设在主标志下，对主标志作用的时间、距离、区域或范围、原由、船舶种类等做补充说明的标志。

② 辅助标志是不能单独使用的标志。

3. 可变信息标志

可变信息标志是一种可以改变显示内容的标志，可显示因航道、船闸、船舶流、交通事故、水上水下施工和气象等情况的变化而改变的管理内容，用于发布航行（警）通告、气象预报、交通信息，以控制船舶航速、流向和流量，更有效地管理交通；结合水位仪，还可以显示水上过河建筑随时变化着的实际通航净空高度。可变信息标志一般用于干线航道、干支流交汇水域和通航密集区、交通管制航段以及船闸、港区等重要水域。可变信息标志字幕颜色所显示内容遵循的原则为：警告为黄色，禁止为红色，指令为蓝色，提示为绿色。

第二节　水文基本要素

水文是构成航行条件的主要因素，主要包括水位、水流和潮汐。它们在某一时刻的综合反映，表征着河流的水流情况及其对船舶航行的影响。

一、水位

水位是河道中某时某地的自由水面至某一基准面的垂直距离，单位用"米"表示。水位的高低表示江河水的涨落，是表征河槽水深的特征数值。水位随时间、地点和江河水的涨落而变化，因此，水位是一个经常变化的值，具有方向性。水位是以基准面为零值，规定高于基准面者为正值，低于基准面者为负值。

1. 水位基准面

用于计算水位值的基准面称为水位基准面。由于该基准面的水位值为零，故又称为水位零点。根据需要的不同，水位零点又分为基本零点和当地零点。

基本零点是以某一河口附近海域的某一较低的海平面作为零点，称为基本零点，又称绝对零点或绝对基准面。如长江用的是吴淞零点，黄河用的是大沽零点。我国自 1957 年起，全国统一采用"黄海平均海平面"作为陆地标高的起算面。这个基准面是起算全国"高程"的基本零点，所以该面又称"大地基准面"。在此基准面以上称绝对高度，又称为海拔。

当地零点是为了通航要求和航运部门应用上的方便而设立的。通常每隔一段距离设立一个点作为起算当地附近水位的基准面，即为该地的当地零点。

基本零点与当地零点的关系是：以基本零点起算的水位，称为绝对水位，以该零点确定的高程称绝对高程；以当地零点起算的水位，称当地水位，以该零点确定的高程称相对高程。基本零点与各个当地零点有个高程差，即为各当地零点的高程。

2. 水位管辖方法

每条较长的河流，从上游至下游的各地高程差异很大，常分成若干管辖段，每段用一个水位表示，这样就能较为正确地反映各段的实际水面位置和推算各段航道内的实际水深，这个水位就称为该段的关系水位。

3. 水位期的划分

由于水位受季节、流量大小变化的影响，使水位在一个水位年内呈现有规律的周期性变化，从而引起航行条件的改变，故航道部门及有关单位将一年中的水位变化过程划分为若干具有代表性的典型水位期：① 低水位为多年最低水位的平均值，又称枯水位。② 高水位为多年最高水位的平均值，又称洪水位。③ 中水位为多年一切水位的平均值。④ 最高水位为多年观测中所得的实际最高水位。⑤ 最低水位为多年观测中所得的实际最低水位。⑥ 水位期是指出现某一水位值的这段时期，如出现枯水位、洪水位及中水位这段时期就分别称为枯水期、洪水期及中水期。每条河流及各河段都有它自己的自然特征，因而在水位期的划分上也各有不同。如按月份划分，一般12月至翌年3月为枯水期，其中1—2月水位最枯；4—6月和10—11月为中水期；6—9月为洪水期，其中高洪水期多在8月。

4. 水位变化与船舶航行的关系

水位期不同，航道尺度、供船舶定位的目标就发生变化，影响着船舶航行安全。

（1）枯水期　有良好的岸形凭借，天然标志多；流速慢，不正常水流减少；航道尺度减少，但槽窄水浅，礁石外露，会让困难，不慎就会吸浅吃沙包，搁浅触礁。

（2）洪水期　航道尺度大，但岸坪淹没，引航中失去极其重要的岸形凭借，人工标志也常漂失移位，流速大，不正常水流增多，航行操作难度大。

（3）中水期　一般来说是航道的黄金水道。

二、水流

水流指水的流动。与航行有关的水流状态，一般指水的流向、流态和流速。

1. 流向

流向是水流质点的运动方向，指水流去的方向。

水的流向不同对船舶航行时的船位控制、航向偏摆及航速预估等将产生直接影响；同时，采取何种操作方法靠离码头、使用哪一舷靠码头，流向因素的影响也至关重要。

2. 流态

流态是水流运动的形态，一般指水流的表面形态。从表层水流对船舶运动产生作用和影响方面，可以把流态分为：

（1）主流　主流指河槽中表层流速较大并决定主要流向的一股水流。

（2）缓流　缓流指主流两侧流速较缓的水流。

（3）急流　急流指一般指阻滞和妨碍船舶航行的湍急水流。

（4）回流　回流指同主流流向相反的回转倒流。

（5）横流　横流是水流流向与河槽轴线成一交角，具有横向推力水流的统称。

（6）泡水　泡水指一种由水下向水上翻涌，中心隆起并向四周辐射扩散的水流。

3. 流速

流速是指水流在单位时间内所流经的距离。渠道、河道和人工运河里的水流在不同季节各点的流速是不相同的，靠近河（渠）底、河边处的流速较小，河中心近水面处的流速最大。枯水期，深水区流速小、浅滩上流速大；洪水期，深水区流速大、浅水区流速小。

三、潮汐

海水有时上升，有时下降，而且它的涨落变化是有规律的，上涨、下降、上涨再下降。一般白天海水涨落为潮，晚上海水涨落为汐，全称为潮汐。

潮汐是由天体的引潮力产生的，天体的引力与惯性离心力的合力称为引潮力。对潮汐影响较大的是月球和太阳的引潮力，其中，月球引潮力是产生潮汐的主要力量。

船舶可以利用潮汐涨落中的不断变化选择航路，上行船可充分利用涨潮流，下行船可充分利用落潮流，提高航速；也可以选择恰当时机通过浅区。

第三节　气象常识

表征大气状态的物理量和物理现象称为气象要素，如气温、气压、湿度、风、云、雾、降水和能见度等。本节主要讨论风、雾和能见度要素。

一、风

空气相对于地面或海底的水平运动称为风。

1. 风速及风级

风速是单位时间内空气在水平方向上移动的距离。常用的单位有米/秒（m/s）、千米/小时（km/h）和海里/小时（n mile/h）。在日常生活和实际工作中，人们习惯用风力表示风的大小。风力等级是根据风对地面或海面的影响程度来确定的。目前国际上采用的风力等级是英国人蒲福于1905年拟定的，故又称"蒲福风级"，从0～12共分为13个等级。

2. 风向

风向指风的来向，如风从东向西吹称为东风，常用16个方位表示。

3. 船风

水平方向上气压分布的不均匀是产生风的直接原因。船舶航行时，会产生一种从船首方向吹来的风，其风向与航向相同，风速与船速相等，这种风称为船行风（又称船风）。因为有了这种船行风，就使得我们在航行中的船舶上，用仪器测得的风不是真风，而是真风与航行风二者的合成风，称相对风或视风。

风速等级的划分

0级风又叫无风。2级风叫轻风，树叶微有声响，人面感觉有风。4级风叫和风，树的小枝摇动，能吹起地面灰尘和纸张。6级风叫强风，大树枝摇动，电线有呼呼声。8级风叫大风，树的细枝可折断，人迎风行走阻力甚大。10级风叫狂风，陆地少见，可拔起树木，建筑物损害较重。12级以上的风叫台风或飓风，摧毁力极大，陆地少见。

二、雾

雾是影响能见度的主要因素之一。雾的变化性大，地区局限性也显著，所以较难预报。雾对船舶的活动有着直接的影响。

1. 雾的形成

当贴近地面或水面的低层空气达到近饱和的状态，而空气中又有吸湿性的凝结核存在时，空气中的水汽就开始凝结成无数小水滴悬浮在空中。当空中的水滴增大，数量增多到影响能见度时就形成了雾。若气温低于零度时水滴就可冻结成冰晶，形成冰雾。

在一定的温度下，空气中所能容纳的水汽量是有限度的。随着气温的升高，空气中所能容纳的水汽量也就增多。当空气中容纳的水汽量达到最大限度时，空气即达到饱和。如果空气中所含的水汽量超过了当时温度条件下的饱和水汽量时，多余的水汽就会凝结出来变成小水滴或冰晶。这就是产生雾的根本原因。

2. 雾的种类

（1）辐射雾　辐射雾是在晴朗微风而又比较潮湿的夜间，由于地面辐射冷却，使气温降低到接近露点而形成的雾。晴夜、微风、近地面气层中水汽充沛是形成辐射雾的三个主要条件。

（2）平流雾　平流雾是暖湿空气流经冷的下垫面，从而使水汽发生凝结而形成的雾。

（3）蒸发雾　蒸发雾是冷空气流经暖水面时，由于水温高于气温，水面不断蒸发，水汽进入低层而形成的雾。

（4）山谷雾　山谷雾是夜间冷空气沿谷坡下沉至谷底，当谷底湿度较大时，便发生凝结而形成雾。这种雾慢慢流出沟谷口而到达水面时便成为妨碍航行的雾，故称为山谷雾。

（5）锋面雾　锋面雾是暖锋前暖气团产生的水汽凝结物，在往地面降落时要穿过较冷的气团，水汽凝结物在冷气团中产生蒸发，当蒸发出的水汽不能被冷空气完全容纳时，就会有一部分又凝结成小水滴或小冰晶悬浮在近地面的低层空气中而形成雾。因为这种雾是随降水同来的，所以又称水雾或雨雾。

雾的预测

①久雨初晴，夜晚天气晴朗；②日落西山晚霞红；③夜晚万里无云，星际发银光（即带水晕）；④白天南风大，夜晚风息；⑤深夜肌肤湿润，寒意浓，露水大；⑥夜航时，远处地形地物呈一团团黑蒙蒙现象；⑦晴天时，水面冒烟，航标灯发毛。

三、能见度

正常目力所能见到的最大水平距离，称为能见度，以海里（n mile）或千米（km）、米（m）为单位表示。所谓"能见"就是能把目标物的轮廓从天空背景上分辨出来。大气透明度是影响能见度的直接因素，其次是目标物和背景的亮度以及人的视觉感应能力。

能见度的等级是根据能见距离的大小，将能见度分为 0～9 共 10 个等级，能见度好等级大，能见度差等级小。在气候资料和世界各国发布的天气报告中，通常能见度不用等级，而以"能见度低劣""能见度不良""能见度中等"、"能见度良好""能见度很好""能见度极好"等用语来表示。

第二章　渔船概论

了解船舶结构、熟悉船舶性能，是船员的必修课。我国渔船种类繁多，特点各异，通过本章的学习，可以较快认识渔船的共性知识。

第一节　渔船类型

一、按照用途的不同分类

1. 渔业服务船

渔业服务船包括水产运输船、冷藏加工船、供应船、收鲜船、渔港工程船、渔业指导船、科研调查船、渔政船、渔监船等。

2. 渔业生产船

渔业生产船包括拖网船、围网船、流网船、延绳钓渔船等。

二、按照建造材料的不同分类

渔船可分为木质渔船、钢丝网水泥渔船、钢质渔船、玻璃钢质渔船等。

目前，多以钢质渔船居多。钢质渔船与同体积木船相比，船体较轻，载重量较大，可以造成流线型船体，航行性能好，建造修理较容易，钢质船体强度增大，对机械性能可以有效发挥，结构坚固，使用年限长。

第二节　渔船结构

一、总体布置及各舱室名称

总体布置及各舱室名称如图 2-1 所示。

（1）艏尖舱　船首最前面的舱。

（2）艉空舱　船尾最后面的舱。

（3）前后尖舱　船舶首尾部分较低的水密隔舱。

（4）渔舱（活水舱）　装载渔获物的舱室。

（5）**水密隔舱**　是为了提高船舶抗沉性的水密舱室。

（6）**渔具舱**　船舶中部的主要舱室，用来放置渔具的舱室。

（7）**工具舱**　尾部与中部渔具舱之间的隔舱，用来放置工具的舱室。

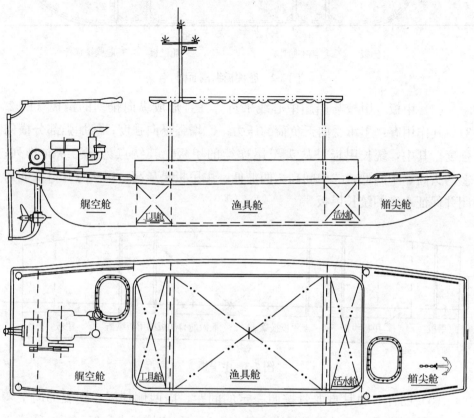

图 2-1　总布置及舱室

二、主甲板结构

（1）**艏柱**　艏柱即船体最前端的一根骨柱，分直立和前倾两种。其作用有：①抵抗波浪的冲击；②抵抗锚链拉力和碰擦；③承受碰撞、搁浅、触礁船底的局部应力。

（2）**艉柱**　艉柱是船体最后端的一根骨柱，舵和推进器轴装在艉柱上。其作用有：①承受舵面水压力和波浪的冲击力，以及推进器的震动；②在搁浅时能保护舵和推进器避免与水底直接碰撞，减少受损程度。

（3）**弦侧板**　弦侧板是连接船底和甲板的侧壁部分，是舭列板以上的船体外板（图 2-2）。它要承受水压力、波浪冲击力、碰撞力和甲板负荷、舱内负荷等外力作用，是保持船体几何形状和侧壁水密的主要结构。

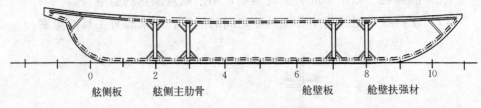

图 2-2　弦侧板纵剖面图

（4）甲板　甲板与船舶中心线平行，并且形成纵向排列的钢板（图 2-3）。其作用有：①承受向下负荷的压力；②增强纵向强度；③加强部分横向强度。其中，统长甲板是从头至尾连续的甲板，其特点为：①纵向排列；②两头高、中间低；③中间高、两舷低。主甲板是最高一层所有开口都能封闭并保证水密的统长甲板。

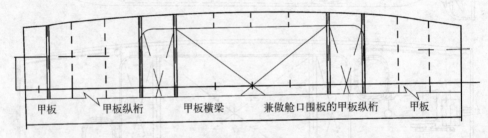

图 2-3　主甲板

（5）肋骨　肋骨自龙骨按照一定的间距，向两侧伸展，到舷部向上弯曲、延伸到横梁，且与横梁相连。其作用有：①支撑船壳和船底板；②增强横向结构强度。

（6）横梁　横梁是指连接两侧肋骨的顶端结构。其作用有：①横向结构强度增加；②支持甲板及甲板机械；③防止船体变形。

（7）船壳板　船壳板是指包在肋骨的外圆钢板。其作用有：①抵抗水压力，保持水密；②承受纵向应力；③加强纵向强度。

第三节　渔船尺度

一、船舶尺度

船舶尺度是表示船体外形大小的主要尺度，通常包括船长、船宽、船深、吃水和干舷（图 2-4）。船舶主尺度是计算船舶各种性能参数、衡量船舶大小、核收各种费用以及检查船舶能否通过船闸、运河等限制航道的依据。

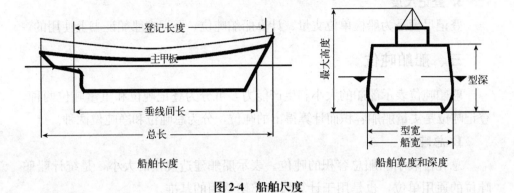

船舶长度　　　　　　　　　　　船舶宽度和深度

图 2-4　船舶尺度

1. 长度

长度分为全长、垂线间长和设计水线长。

（1）**全长**　全长是指船体首尾两端之间的最大的水平距离，又称总长。

（2）**垂线间长**　垂线间长是指船舶满载水线从船艏柱前缘至船尾的柱后缘间的水平距离。

（3）**设计水线长**　设计水线长是指沿满载水线从船艏柱前缘至船尾部端点的水平距离，又称满载线长。

2. 宽度

宽度分为最大宽度和型宽两种。

（1）**最大宽度**　最大宽度是指船舶最宽处左右两舷外缘之间的水平距离。

（2）**型宽**　型宽是指钢船量自船壳板的内表面的船舶宽度，木质船则是量自船壳板的外表面的船舶宽度。

3. 深度

深度是指在船长中点处从主甲板的下缘至平板龙骨上缘之间的垂直距离（木质船包括船底板厚度），又称型深尺度。

二、船舶尺度的种类及用途

一般可分为最大尺度、船型尺度、登记尺度三种。

1. 最大尺度

最大尺度是估计船舶占有码头长度，吃水，能否通过船闸、板梁、浅区及避让位置的主要依据之一。

2. 船型尺度

船型尺度是船舶设计时用来计算船舶性能，如稳性、浮性等的尺度。

3. 登记尺度

登记尺度是为船检单位丈量、计算船舶吨位，登记在船舶证书上使用的。

三、船舶吨位

船舶吨位表示船舶的大小和生产能力，可分为登记吨位和重量吨位两种。登记吨位是丈量船舶容积而计算得出的吨位，分为总吨位和净吨位两种。

1. 总吨位

总吨位表示船舶总容积的吨位。表示船舶建造规模的大小，是统计船舶吨位的通用单位，也是用于计算海事赔偿费用的基准。

2. 净吨位

净吨位表示船舶适合本身用途的有效容积的吨位，是计算税收和各种费用的征收依据。

四、船舶标志

1. 干舷

干舷是在船长的中点处，从甲板线的上边缘向下沿舷侧量到载重线（满载）的上边缘的垂直距离（干舷＝型深－满载吃水＋甲板厚度）。干舷也是决定船舶是否适航的主要因素。干舷标注样式、字母的大小、线段长度和宽度如图2-5所示。

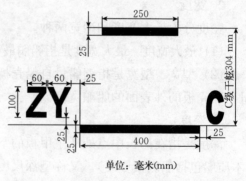

单位：毫米(mm)

图2-5　船舶干舷

2. 吃水

船舶吃水，也就是船舶浸水深度，是自船舶中部龙骨下缘到水线间的垂直距离。一般所说的是指船舶的平均吃水，且不能有纵横倾斜的现象。平均吃水＝（艏吃水＋艉吃水）÷2，不包括波谷、波峰。观测吃水的标志刻绘在艏、艉柱和船舯部左右两侧壳板上，有公制和英制两种。吃水的标注样式、字母的大小、线段长度和宽度如图2-6所示。

3. 载重标志

载重标志主要是限制船舶最大吃水的标志。一般在船舶的中间部分满载水线到主甲板上缘的垂直距离留有限界线，这是保证安全的最小干舷，亦即载重线，它规定了船舶在不同季节、不同区域航行时装载重量的极限值。

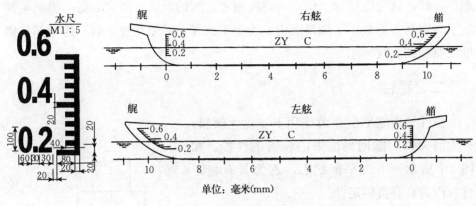

单位：毫米(mm)

图 2-6　船舶吃水标志

五、内河航区

《内河船舶法定检验技术规则（2011）》对内河航区进行了规定划分：

内河船舶航行区域划分为 A、B、C 三级，其中某些水域，依据水流湍急情况，又划分为急流航段，即 J 级航段。

航区级别按 A 级、B 级、C 级高低顺序排列，不同的 J 级航段分别从属于所在水域的航区级别。

船舶航行于 A 级航区的较航行于 B、C 级航区为高级航区。因此，一般 A 级航区的船舶能够到 B、C 级航区航行。

第四节　渔船的航行性能

航行性能是指船舶在各种自然环境中航行和捕捞作业时所具备的各种性能。主要包括浮性、稳性、抗沉性、摇摆性等。

一、浮性

浮性是船舶在一定装载和吃水时，船舶浮在水面的能力。船身浸入水中的吃水部分，称为排水量，船舶的排水量等于船体本身重量和所装载客、货载重量之和。船舶在吃水线以上至主甲板之间保留的高度称干舷，在干舷范围内船舶保留有一定的体积，这个体积称为储备浮力。储备浮力大小与船舶的干舷高度有关系。干舷太低，尽管载重量可以增大，但储备浮力也会不够，航行就会不安全；反之干舷越高，载重量就减少，储备浮力就越大，船舶浮性好，航行也就越安全。为解决两者之间的矛盾，国家对每一类船舶规定了必须具备的最小干舷高度值，为便于监督，必须在每一艘船的中部舷侧勘绘船舶载重线标志。

二、稳性

稳性是指船舶受外力作用下，发生倾斜，外力消失以后能回到原来的位置的性能。如图 2-7 所示，甲为平衡状态，乙为具有稳定性，丙为具有负稳定性。

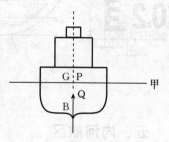

（1）浮心及其位置　浮力的作用中心或者排水体积的几何中心称为浮心。正浮时浮心在船中心线上；船左倾浮心左移，船右倾浮心右移；浮心在重心下方，吃水增加，浮心上移，反之下移。

（2）重心及位置　船舶重力作用中心，正浮在船中心线上，大约在船舯部稍靠后处，它在浮心上方，随着装载情况不同而变化。

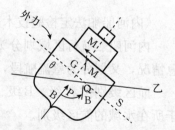

（3）平衡条件　重心浮心在一垂直线上，重力浮力大小相等，方向相反。

（4）稳定平衡　船舶受外力作用倾斜，重力和浮力的力偶矩，使船恢复到原来状态。

（5）不稳定平衡　重心外力、重力和浮力形成的力偶矩，其方向与外力力矩相同，使船舶加剧倾斜。

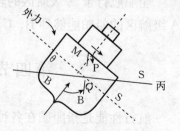

（6）中性平衡　当重心和浮心重合时，船舶不论倾斜到什么位置，只要外力消失，船舶都能以新的浮心保持稳定，因为重力和

图 2-7　船舶稳定性
M. 稳心　G. 重心　B. 浮心
P. 重力　Q. 浮力　θ. 倾角

浮力的力量为零，不产生复原力矩。

(7) 稳心和稳心高度　所谓稳心即浮力作用线的延长与船舶正浮时重力作用线的交点；所谓稳心高度，即重心与稳心之间的垂直距离。

(8) 保证良好稳性的注意事项　保持良好稳心，确保船舶航行安全，应根据船舶性质和用途来选取适当的稳心高度。在航行时应按规定装载渔获物，不能把大量的渔获物散堆在甲板上。遇风浪等恶劣天气，应尽量避免横浪行驶，应将船上可以移动的物体系牢，并尽量避免大舵角转向，船舶经重大改装后，应要求有关部门重新测定稳性的有关数据。

三、抗沉性

抗沉性是指当船舶一舱或几舱进水后，船仍然具备保证安全所必须具备的浮性和稳性以及其他航海性能的能力。

与抗沉性有关的因素包括：水密性、干舷大小、排水设备、堵漏设备、船舶水密舱壁的设置等。

四、摇摆性

摇摆性是指船舶受外力作用有节奏地摇摆的强弱程度。

摇摆形式分为两种，即横摇和纵摇。横摇是外力作用使船舶横倾，左右往返摇摆不已。纵摇是船首尾作一上一下的运动，一般是船舶顶浪和顺浪时产生的摇摆。

五、快速性

快速性是指主机以较小的功率消耗而得到较高航速的船舶性能。

影响快速性的因素是阻力，阻力包括以下几种：①空气阻力（包括风阻力）；②水阻力，即船舶在水上航行产生的阻力，它包括摩擦阻力、涡流阻力、兴波阻力和附加阻力。快速性还与推进器性能有关，即在同样的主机功率情况下，可因推进器性能良好使船舶的推力较大，航速较快。

第五节　渔船设备

渔船设备，主要包括操纵设备、系泊设备、通导设备、救生设备和消防设备等，这些设备都是渔船在捕捞生产和航行中所不可缺少的工具，驾驶人员必须熟悉各项设备的结构、性能和使用方法，并且能够熟练地进行操纵。

一、操纵设备

操纵设备是使船舶根据需要听从指挥，能够任意改变航向并能及时稳定航向的操纵装置，主要是指舵设备。

舵是保证船舶操纵性能的主要设备之一。它能克服各种外力影响，使船保持既定航向或改变航向，使船舶具有回转作用。它主要包括操舵装置、传动装置、转舵装置、舵板装置等（图 2-8）。

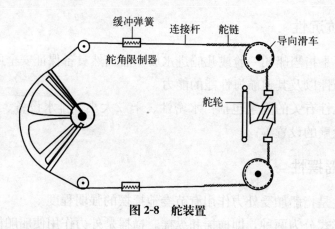

图 2-8 舵装置

二、系泊设备

系泊设备是船舶靠离码头以及拖顶船舶时所用的工具。它包括带缆装置、拖缆装置和锚设备。

1. 带缆装置

带缆装置包括系缆装置和导缆装置两种。系缆装置按外形可分为：单柱缆桩、双柱缆桩、单十字桩、双十字桩、眼环与绳索扣环等（图 2-9）。

图 2-9 带缆装置

2. 拖缆装置

拖缆装置一般包括拖钩、拖拱、拖缆等。

3. 锚设备

锚设备是保证船舶安全的一项极其重要的设备，它不仅在停泊时使用，可抵抗风、流影响，防止船舶被推移，而且有时还用在船舶操纵中使用。

锚的种类很多，目前在内陆江河湖泊和水库用得最普遍的是四爪锚和燕尾锚两种。

（1）四爪锚　四爪锚的优点是结构简单，抓力大，操作方便，用于硬底效果最好，但在烂泥底质效果就差一点。

（2）燕尾锚　锚爪宽而长，能前后转动 30°左右，锚头上有一根锚杆，能迫使锚爪插入泥土，锚爪大，抓力也大，但起锚时爪离地困难，一般只能作当家锚用，平时较少用（图 2-10）。

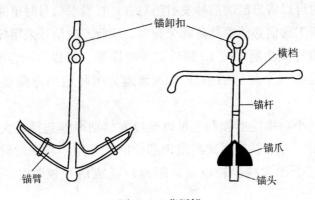

图 2-10　燕尾锚

三、通导设备

甚高频（VHF）通信设备：甚高频段（VHF）无线电波的频率范围为 30～300 MHz，国际上规定：甚高频水上移动业务电台的频率为 156～174 MHz。甚高频（VHF）无线电话，是利用甚高频段的无线电波在空间中传播来进行语音通信的一种工具。

甚高频（VHF）无线电话主要用于：①船舶与沿航线港口作进出港联系；②船舶与沿航线航标站联系航道情况；③船舶之间作航行联系；④本船队之间的作业联系和其他通信联系（如应急、呼救等）。因此，它也是沟通船—船、船—岸、岸—船以及本船队之间近距离信息联系的一种助航仪器。

因为港岸噪声干扰较严重，所以目前内河船舶使用抗干扰能力强、采用空间传播（视距传播）的调频式甚高频无线电话来进行近距离的通信与助航联系，在保证船舶安全、可靠助航联系的同时，也为船舶的近距离通信提供了便利。

1. 正确使用船用甚高频无线电话

内河船用甚高频无线电话（VHF）的型号很多，其主要功能简述如下：

（1）单工和双工工作状态

① 单工：对通信的每一时刻，通信只沿一个方向进行，即使用 VHF 中，在接收时不能发射，在发射时不能接收；只能在对方发话完毕后，才能向对方发话。通常单工通信时收、发信号采用同一频率。

② 双工：双方能同时发送和接收彼此信号，即使用 VHF 中，在接收对方信号的同时可以将自己的信号发射给对方；在发射信号时也能接收对方的信号。进行双工通信必须要具备两个频率，即收、发信号采用异频。

（2）双重守候功能　按 16 频道优先的原则，可以自动监听 16 频道和另外任意选定的一个频道的信息（16 频道为国际通用遇险及安全呼救频道）。

（3）大、小功率发射控制　可以通过发信功率键选择是大功率发射还是小功率发射。一般在近距离或港内通信时，采用小功率发射，避免无线电波间的相互干扰和减少耗电量；距离较远或信号较弱时，采用大功率发射。

2. 甚高频无线电话通信频道

16 频道是无线电话国际遇险、安全和呼叫频道（单工频道），还可用于呼叫与回答。6 频道（156.3 MHz）是船舶间安全会让专用频率，其他电台和业务不得使用。8 频道（156.4 MHz）是长江航道信号台专用频率，其他电台和业务不得使用。

3. 甚高频无线电话维护保养注意事项

船用甚高频无线电话在湿度大、温差变化范围较大和震动的环境中工作，因此在日常的维护、保养中应注意：① 开机前，必须接好天线、送受话器和直流电源；② 使用中应做好防水、防潮、防震和防尘工作；③ 保持机器的清洁，随时检查主机到各部分电缆的接头接触是否良好；④ 避免受阳光直接照射，每周至少通电保养一次。

1. 自动识别系统（AIS）助航设备

自动识别系统（Automatic Identification System，AIS）是一种用于船舶之间及船舶与岸台之间进行信息交换的系统。

AIS的作用有：①改善避碰效果；②不用雷达也可以使VTS获得交通状态；③制订船舶报告计划。

AIS由岸台系统和船载设备两部分组成：①岸台系统：AIS岸台系统由一系列AIS基站收发机联网而成；②船载设备：AIS的船载设备是一种工作在VHF频道上的自动船舶载广播式应答器。AIS船载设备由AIS发射机答应器（信标机）、传感器和显示器三部分组成。

AIS的主要功能有：①船船之间的联系方式、避碰；②管理部门获取船舶资料；③作为船舶交通管理（VTS）的工具，进行船岸之间的交通管理。

2. 雷达设备

雷达是一种通过发射无线电波和接收回波，对物标进行探测和测定其位置的设备。用于发现江、河面（或海面）上的物标，并测定其物标在水平面上的方位和距离。它可帮助船员瞭望，防止船舶发生碰撞，可根据其测定物标的方位和距离来确定船舶的位置，是为保证船舶安全、可靠航行提供服务的重要助航仪器。

雷达装置的基本组成部分包括天线、发射机、接收机、收发开关、显示器、定时电路和电源等。

3. 全球定位系统（GPS）设备

全球定位系统（Global Positioning System）简称GPS，是一种利用多颗高轨道卫星，测量其距离与距离变化率来精确测定用户位置（三维）、速度和时间等参数的现代卫星导航系统，对船舶导航仪器使用、交通管制、大地测量以及精密授时均有重要意义。

目前，内河船舶应用GPS技术来帮助船舶导航、定位以及港航管理等。GPS为监测船舶动态、保证船舶的安全航行提供了支持，是一种重要的助航仪器。

四、救生设备

救生设备是航行或作业中万一发生海损事故时，为保障船员的生命安全而配备的设施。

渔船救生设备要求配备的主要有救生衣、救生圈及其他救生浮具。

五、消防设备

消防设备是每艘船舶不可缺少的一种安全设备。小型渔船上主要要求配备有灭火器、水桶和太平斧等。

第三章 渔船操纵基础知识

第一节 舵压力与舵效

舵是附设于船体外、利用航行时水流在操作面上产生的作用力而控制船舶航向的装置。操舵者通过操舵可以使船舶保持或改变其航向，或者进行回转，达到控制船舶方向的目的。

一、舵压力

舵压力是指水流对舵叶有冲角时，舵叶迎流面与背流面的水动压力差。舵角是指舵叶水平剖面中心线与船舶艏艉线的夹角。

舵压力主要受舵角、舵叶对水相对速度、舵叶面积以及舵叶形状、展弦比、剖面形状、厚宽比等因素的影响。

二、舵效

舵效是船舶在各种不同的状态下，用舵设备操纵船舶所表现的综合效果。通常对改向性而言，舵效是指当操一舵角后，船舶因之回转某一角度所需的时间和纵、横距。

影响舵效的因素有：

（1）舵角　在极限舵角以内，舵角越大，舵压力就越大，因而舵效也越好。

（2）舵面积系数　舵面积系数大，舵效好；舵面积系数小，舵效差。

（3）舵叶对水速度　舵压力与舵叶对水速度（或称舵速）平方成正比。

（4）吃水　船舶满载时的舵效较轻载时差。

（5）横倾　船舶低速航行时，向低舷侧转向舵效较好；船舶高速航行时，向高舷侧转向舵效较好。

（6）风、流、污底及浅水　风中航行，满载舵效比轻载好；在有流航道中航行，逆流舵效比顺流好，常流舵效比乱流好；船舶污底严重舵效变差；浅水中航行，舵效深水中变差。

第二节　水流对操纵的影响

水流分为均匀性水流和非均匀性水流。船舶在均匀性水流的水域中航行，其航速等于船速与流速的矢量和，同时船舶受水流影响将产生偏转、漂移、横倾和增减航速。船舶在非均匀性水流水域中航行，船舶会产生较大漂移或偏转。

一、均匀性水流对船舶操纵的影响

① 顺流航行时，船舶对地速度（航速）约等于船速加流速；逆流航行时，航速约等于船速减流速。船舶顺流航行时，流速越大，冲程越大，即使停车后，减速也非常缓慢，往往最后还需借助倒车或掉头，才能制止航行船舶对岸运动。

② 船舶在均匀性水流中航行，无论逆流还是顺流航行，当螺旋桨转速不变时，船舶对水运动速度约相等。逆流或顺流航行船舶，操相同舵角在相同时间内，船舶回转相同的角度，由于逆流船的纵距小于顺流船，因此逆流船的舵效较顺流船好。

③ 水流对船舶漂移的影响，船舶在水流中航行时，船首向与重心的运动速度方向之间的夹角称为流压差角或流压差。航行船舶正横前受流时，流速越快，流舷角越小，船速越快，流压差角越小，横向漂移速度也越小。驾驶员在操纵船舶时，应特别警惕横流的影响，尤其在通过急流、浅滩及桥区等航段时，应特别注意流舷角的调整。

二、非均匀性水流对船舶操纵的影响

在实际航行中，船舶更多的是受到非均匀性水流的影响，非均匀性水流的种类很多，有回流、横流（斜流）、泡水、旋水、夹堰水等，这些水流对船舶的作用与均匀性水流不同，在非均匀性水流中，由于流速、流向的变化，可以增加或减少船舶的前进阻力，使螺旋桨的推力变大或变小，也可以使舵压力增加或减小。如果非均匀性水流以较大夹角冲击船舶时，可使船舶迅速横移和因船体前后部分所受水动力不同而产生转船力矩，使船舶偏转而偏离预定航线，有时甚至超过舵的控制能力而使船舶失控，导致事故。

第三节　抛起锚操作

一、锚设备的用途

锚设备的用途可以分为停泊用锚、操纵用锚和应急用锚。

二、抛起锚方法

1. 抛锚操作

（1）选择合适抛锚地点　抛锚地点应该选择在水深小、底质好（一般以软硬适度的泥底、沙底和黏土底为最佳）、地势平坦、水流缓、无碍他船航行和作业，同时远离过江电缆和危险品船的区域。

（2）抛锚作业　在检查好人力锚机后，抵达抛锚地点之后控制船速，在船略有后退时，迅速抛下锚链，中途不能刹车，一抛到底，应同时观察受力情况，逐渐松链，直至抓牢。之后显示锚泊的信号，做好收尾工作。

2. 起锚操作

（1）准备工作　在起锚前，检查人力锚机的运转情况，使锚机处于随时可收绞的状态，检查船首及附近情况。同时备车，处于随时可用状态。

（2）绞锚作业　绞锚过程当中注意观察出链的长度、方向和受力情况，以便及时用车舵加以辅助。锚露出水面之后，应查看锚上是否挂有杂物（如渔网、电缆等），将锚收起后，刹住刹车，关闭锚泊信号，起锚作业完毕。

第四节　掉头操纵

将船舶航向改变180°的操纵称为船舶掉头操纵。掉头操纵是船舶在航行过程中常见的操纵作业之一。操纵船舶掉头时，驾驶人员应根据掉头的目的、航道条件和风、流及本船操纵性能等主客观情况，选择好掉头地点和时机，正确选择掉头方向，做到安全迅速地完成掉头操纵。

一、连续进车掉头

1. 适用条件

在航道宽度大于船舶旋回所需水域的条件下，或者无风流影响、水流较缓可采用此法。该方法的特点是操作简便，需时最短。

2. 操纵要点

① 在驶抵选定的掉头地点之前，先向掉头的相反方向操舵，拉大档子，腾出水域，以供船舶安全回转之用。

② 降低车速以降低航速，减小回转水域，并增加储备功率，储备舵压力，以备急需之用。

③ 向掉头方向转舵，当船首改向 35°～40°时，恢复常速。

④ 当掉头接近完成时，应及早回舵，必要时可操反舵，以调顺船身，防止船尾扫岸或触礁。

二、顶岸掉头

1. 适用条件

在航道狭窄，岸边水深合适，风、流影响较小，水下无障碍物时，可采用此方法。

2. 操纵要点

在驶抵选定的掉头地点之前，先向掉头的相反方向操舵，拉大档子，腾出水域，减慢车速，然后停车，以大于 45°的夹角滑行至岸边；控制速度，使船以安全速度轻抵岸边，此后操舵，开慢进车以船首为转心作回转运动；待船一舷与岸边靠拢，约成 45°夹角时，停车、倒车、正舵，船身即可逐渐驶离岸边，掉头操纵结束。

三、掉头注意事项

① 在掉头作业前，应密切注意航道情况和周围环境。在掉头操纵过程中，应谨慎操纵，随机应变，避免触礁、搁浅及碰撞事故的发生。

② 内陆渔业船舶由于船舶较小，操纵灵活性较强，操纵方法大多采用连续进车掉头和顶岸掉头。

③ 当处于有风影响的环境下掉头时，一般采用迎风掉头，此方法可避免一旦掉头不成或时间较长而发生触坡和扫岸事故。

④ 当处于有流的环境时，由于水流分布不均匀，有主流和缓流之分。一般顺流航行时，应从主流掉向缓流；逆水航行掉头时，应从缓流掉向主流。

第五节　靠离泊操纵

一、系缆的名称和作用

系泊用缆有：艏缆、艉缆、艏倒缆、艉倒缆及横缆。

（1）**艏缆**　艏缆的作用是使船舶不随水流下移并使船首贴靠码头。

（2）**艉缆**　艉缆可防止船舶向前移动，抵抗来自船尾的风动力和水动力的作用。

（3）**艏倒缆**　艏倒缆又称前斜缆，其作用与艉缆相似。当采用开艉法驶离码头时，该缆是关键的系缆。

（4）**艉倒缆**　艉倒缆又称后斜缆或坐缆，它除了具有艏缆的作用外，当采用坐缆驶离时，该缆是关键的系缆。

（5）**横缆**　横缆的出缆方向大致与艏艉线相垂直，主要作用是防止船舶向外移动。

二、船舶靠泊操纵

1. 准备工作

准备工作主要是要注意环境情况，包括港口、航道、码头的情况，泊位附近的风、流、水深以及港内和泊位附近的船舶动态等。

2. 操纵要领

（1）**控制速度**　船舶驶靠码头控制速度是关键。航速的控制原则上是在能保持舵效的基础上越小越好。

（2）**摆好船位**　摆好船位通常是指船舶驶靠码头，使用慢车、停车时的船位，要求船舶在此位置停车滑行至泊位外挡能处于合理的位置。

（3）**调整好驶靠角**　驶靠角是指船舶驶靠码头时，艏艉线与码头外缘延长线之间的夹角。减小驶靠角可以减小船舶向码头边缘的横移速度；增大驶靠角可以增加船舶向码头边缘的横移速度。

第四章 特殊情况下的操纵与航行

第一节 大风浪中的渔船操纵

一、遇大风浪时的操纵

① 若进行掉头操纵，应注意观察波浪的规律选择掉头的时机。波浪大小的变化是有规律的，一般情况下，连着三四个大浪之后，必接七八个小浪，俗称"三大八小"，要利用这个规律，使船在水面较为平静时掉头。另外在操纵时开始慢速微舵，适时加车加舵。

② 从顶浪转为顺浪，转向应在较为平静水面到来之前开始操舵，以求较平静水面来临之前正好转到横浪。此后配合加车满舵，加速完成后半圈掉转。

③ 从顺浪转为顶浪比较危险，必须先降速等待时机。此外在掉头过程当中切忌急速回舵和操反舵，防止倾覆。

二、注意事项

(1) **保证水密** 具体包括：① 检查甲板开口封闭的水密性，必要时进行加固；② 检查各水密是否良好，不使用的一律关闭拴紧；③ 将通风口关闭，并加盖防水布；④ 舷窗都要盖好，并旋紧铁盖。

(2) **排水畅通** 船舶甲板上的排水孔应畅通。

(3) **绑牢活动物件** 具体包括：① 渔捞设备、锚设备、缆绳、备件等一切未固定的甲板物件均应加强系固和绑扎；② 舱内或甲板装有货物时，应仔细检查，并加强系固和绑扎。

三、做好应急准备

① 保证在应急情况下通信联系畅通。

② 检查柴油机，使其处于良好的工作状态。

③ 检查救生设备、堵漏设备、消防设备，确保其完好并随时可用。

④ 甲板上，冬季还应采取防冻防滑措施。

⑤ 晚上应备妥应急照明设备。

第二节　渔船防碰撞操纵

一、船舶预防碰撞事故的措施

① 船舶严格遵守《中华人民共和国内河避碰规则》中的避让原则进行操作。

② 两船应及早交换信号，转向避让。

③ 对来船所发出的信号或灯光显示有怀疑不能确定时，首先应采取减速措施。

④ 雾中航行时，应使用安全航速，能见度不良时，切忌冒雾航行。

⑤ 避免在狭窄、弯曲及桥梁航段会船或追越。

二、船舶在紧迫危险时的避让措施

① 立即停车、倒车，必要时抛下人力锚制动。

② 两船迎面相遇，船位已经逼近时，应先操外舵使船首避开，再向来船一侧操内舵，以避开船尾。

③ 交叉相遇应避免一船船首对着另一船的中部。

④ 在紧迫危险时，应以减少损失为原则，避重就轻，为避免碰撞可选择本船冒搁浅危险驶出航道外避让。

二、发生碰撞后的处理措施

（1）检查与报告　渔业船舶一般发生碰撞后应立即检查自身受损情况，若造成船体破损，立即采取措施进行排水与堵漏。

同时，采取通信方式报告管理部门，若需要救助，必须报告发生的地点和救助的要求。

（2）抢滩　若破损面过大，一时难以恢复，有沉没危险，要利用附近浅滩主动搁浅，以避免沉没。

第三节　搁浅与触礁应急

一、面临搁浅或触礁的应急

当渔业船舶在航行和生产过程中搁浅或触礁不可避免时，切忌惊慌失措，应设法采取措施减轻搁浅的程度。

① 及时用倒车或抛锚来控制船舶惯性，避免或减小船舶搁浅或触礁的程度。

② 当搁浅或触礁不可避免时，应尽量避开礁石，使船体搁在较平坦的沙滩上。

③ 当搁浅或触礁不可避免时，还要做到宁使船首受损也要保护好船尾的螺旋桨和舵。

二、搁浅或触礁后的应急措施

1. 切忌盲目动车、动舵

船舶在刚搁浅或触礁后，因情况不明，若盲目动车，可能导致船体、螺旋桨和舵受损加重，即使能够拖浅或离开礁石，也可能再次搁浅触礁。如果搁置在石角上，则还可能扩大破损，致使大量进水而倾覆或沉没。

2. 显示信号

船舶搁浅后，应按《中华人民共和国内河避碰规则》的规定，白天显示号型（在桅杆的横桁上垂直悬挂三个黑球），夜间显示号灯（锚灯与垂直两盏红色环照灯），引起周围船舶注意。

3. 紧急报告

船舶发生搁浅或触礁后，应立即报告渔业管理部门或者海事管理机构，保持联系畅通，以取得指导及援助。

4. 调查情况

① 测定船位。

② 查清船底破损及进水情况。

③ 弄清船舶吃水和周围的水深及航道底质。

④ 观察水位与潮汐。

⑤ 查清螺旋桨、舵及其他动力的情况。

⑥ 关注未来天气情况。

5. 保护船体

第四节　主要设备损坏时的操纵

一、主机损坏时的操纵

① 航行船舶，如遇主机损坏及发生故障，应立即设法借助惯性用舵控

制航向，尽可能操纵船舶处于航道边缘较浅的水域或缓流区。

② 备锚，测量水深。

③ 立即悬挂失控信号（白天悬挂圆球两个，夜间除显示舷灯和尾灯外，还应当垂直显示红光环照灯两盏），并在航行频道上发布动态。

④ 锚泊后，组织机舱人员尽力抢救。

⑤ 当船舶通过大桥、浅险水道，或有碰撞、搁浅危险时，如抛锚能避免或减小损失应立即抛下首锚，控制船舶前进，以免事故扩大。

⑥ 如损坏程度严重，不能自修，应立即拖往船厂修理。

二、舵机失灵时的操纵措施

① 渔业船舶一旦发生舵失灵，应减速或停车。

② 悬挂舵失控信号。

③ 抛锚稳住船位，进行抢修。

第五节　能见度不良时的航行

一、雾天航行要点

（1）驾驶人员对能见度不良要保持高度警惕，时刻做好雾航安全各项准备工作　要及时收听气象预报，掌握各航段雾季的分布、特点、征兆及变化规律，随时注意雾情变化。对各种突发性的视线不良，给船舶造成航行困难时，一定要有应急预案。

（2）备妥有效的号钟或者其他有效响器，任何情况下都要使用安全航速　① 正确认识并采用安全航速；② 在穿越港区、锚泊区等船舶密集区时，一定要减至安全航速，直至淌航或把船停止；③ 雾航时常施放雾号。

（3）利用一切有效手段加强瞭望，及时判断碰撞危险，要做到知己知彼，及时作出预测和识别　① 加强瞭望；② 坚持利用一切可利用的手段全方位瞭望，保持连续不断的观察；③ 正确地使用各种助航仪器；④ 保持瞭望要及早发现来船和获取一切有碍航行的信息，以便及早判断碰撞危险，及早避让、争取主动，避免形成紧迫危险的被动局面。

（4）发现雾级有向浓雾转化趋势时，及早做好锚泊扎雾准备工作　山区河流下行船舶更应准确地掌握船位、航道特征及浓雾区，及时选择锚地扎雾，不能错失掉头的时机和锚地。

二、突遇浓雾应急措施

船舶因突然遇浓雾，一时无法选择锚地抛锚而被迫在浓雾中航行时，除应按照雾天航行要点进行操作外，还应着重采取以下措施：① 减速航行；② 及早做好锚泊准备工作，尽快选择锚地抛锚或者选择无碍他船正常行驶的岸边抵岸。

第五章 渔船应急

第一节 渔船堵漏

当船舶发生海损事故造成船体破损进水时，只有及时采取正确的抢险措施和进行堵漏，才能避免沉没。利用船舶专用器材堵塞破损漏洞的各种应急措施，称为船舶堵漏。

渔船船舶由于尺度小、隔舱少，储备浮力不大，一旦破舱进水，较短时间内便有沉没危险，因此，根据内河航道的特点，渔船船舶多采取就近冲滩搁浅的原则，以挽救船舶，使其不完全沉没水中或倾覆，但仍需积极堵漏进行自救。

一、堵漏器材

根据船舶破损情况及堵漏方法的不同，船舶堵漏器材也不一样，船舶常用的堵漏器材有堵漏毯（防水席）、堵漏板、帆布、水泥、黄沙、木板、木撑、木塞、铁钉、棉絮等。

对船舶堵漏器材必须进行妥善保管，即使"备而不用"，也必须"常备不懈"。任何堵漏器材都要专用于船舶堵漏，平时不准移作他用。

二、堵漏方法

1. 小型漏洞

① 用布或棉絮包住木塞，塞住洞口，用木槌打紧，在敲打时，不能用力过大，以防把木塞打碎。

② 将浸过油漆的小块棉絮塞入洞内，再配以大小适宜的堵漏盒箱，紧贴漏洞处，然后用木撑支紧固定好。

③ 遇洞孔不规则，可先将适当木塞塞牢，再用大小不同裹上浸过油漆的布或棉絮塞满空隙。

2. 大型漏洞

① 将帆布夹防水毡缝制的防水席，从船外向漏洞处移放，限制进水量，然后将舱内水抽干，以水泥等物填好，如没有防水席，可临时用帆布缝制两层中间夹层棉质物临时代替。

② 对于一些大的破洞，可用水泥进行堵漏。水泥堵漏的优点是水密、牢固，尤其是对舱角等不宜堵漏的位置也能使用。其方法是先用堵漏器或支撑方法将漏洞堵塞，并排除积水。

然后根据漏洞处船体构件的状况制作水泥堵漏箱，亦称水泥模板框，最后倒入水泥，水泥堵漏箱调配比例为，水泥：黄沙：盐或苏打 1：1：1。黄沙的作用是使水泥凝固后结实不裂，盐或苏打的作用是使水泥快干。为防止漏洞尚有渗水把水泥浆冲走，可择水势弱处先填，逐步包围成一两股水，并于堵漏箱下部安置泄水管将水引出。

③ 采用支撑堵漏。支撑堵漏是船舶常用的堵漏方法，也是较简便的堵漏方法。当发现破损进水时，首先用棉絮或其他软垫物品将洞堵住，再压以垫板，然后用支撑柱将垫板和软垫撑紧。

三、保持船体平衡的注意事项

① 发现船体破损进水后，应立即对破损舱室进行排水，以获取储备浮力。

② 船体破损进水后如发生过大的横倾或纵倾，易使船舶丧失稳性发生倾覆的危险，通常采用移载法或对称压载法，保持船舶平衡。

③ 在破损情况严重，船舶大量进水，而船舶的排水能力又不能满足排水需要的情况下，船舶应及时开至附近的浅滩搁浅，避免沉没。搁浅定位后，继续进行排水、堵漏等工作。

第二节　消防救生应变

一、发生火灾时的船舶操纵和措施

船舶火灾容易酿成重大损失。因为船舶上许多隔舱、狭长的通道及洞孔极易引起穿堂风，一旦有火源就能很快蔓延。由于船舶活动面积有限，施救较困难，在施救中若大量用水，且水又未及时排出，则可能因船舶积水过多而造成船舶沉没。此外，船舶航行途中得到外援的机会较少，所以，做好火灾预防工作，防患于未然，才是根本。

① 船舶发现火警后，应立即查明失火部位和火灾性质，发出火灾警报，并组织施救。

② 驾驶人员按当时的风向，操纵船舶使起火部位处于下风位置。起火地点在船尾部，应迎风而行；起火地点在船首部，应顺风而行；起火地点在船中部，应傍风而行。船舶回转掉头或继续航行时要减缓速度，以防助长火势。

③ 显示火警信号，并借助通信设备以求得就近港口或过往船舶的协助。

④ 根据火的性质使用灭火器材，无论哪一种灭火器，无论哪一类火源，救火者应尽可能站在上风位置。

⑤ 在火场附近的易燃物，应迅速搬走，必要时可抛入水中。

⑥ 如火势一时不能迅速扑灭，船上人员应安全撤离。切忌慌乱，否则会给施救造成困难，并造成人员伤亡。

⑦ 为使他船来施救时便于接近或相靠本船，应就近选择在陡岸附近水深不大的边滩处收船，使船既能靠拢岸边，又在万一出现下沉情况时，不致全部沉入水中。此过程中，仍必须使着火部位处于下风位置。

二、营救落水人员

船舶在发生水上交通事故或其他原因不慎落水时，应迅速、正确、全力施救。

1. 发现人落水的紧急措施

① 立即停车，向落水者一侧操舵，使船尾摆开，以免落水者被螺旋桨或船尾所伤。

② 扔下救生圈或木板等漂浮物，以便落水者能攀附。

③ 在航道条件许可的情况下，船舶应及时掉头驶回人落水的位置，尽力搜索援救落水者。

2. 返回原航迹法

若发现落水者较晚，无法确定落水者的位置，可采用返回原航迹法寻找（图5-1）。船舶常速前进，向任意一舷操满舵，当航向改变60°时，向相反方向操满舵，一般在航向改变90°时，船即开始向相反方向回转。当回转至180°，立即稳舵，保持船位在这一航向上，沿着原航迹寻找落水者。

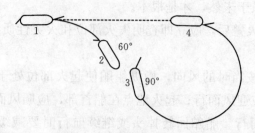

图 5-1　返回原航迹法示意图

第二篇
中华人民共和国内河避碰规则

第六章 总 则

《中华人民共和国内河避碰规则》（本篇以下统称《规则》）是1991年颁布，2003年修改，在中华人民共和国境内江河、湖泊、水库、运河等通航水域及其港口航行、停泊和作业的一切船舶、排筏均应当遵守的规则。

一、《规则》的目的

《规则》第一条指出："为维护水上交通秩序，防止碰撞事故，保障人民生命、财产的安全，制定本规则。"

《规则》是船舶航行与避让的行动准则，是统一船舶驾驶人员避碰行为的一种法律规范，是分析调查处理船舶碰撞事故的依据。驾驶人员只有正确理解《规则》、运用《规则》，才能实现《规则》立法的宗旨和目的。

二、《规则》的适用范围

《规则》第二条规定："在中华人民共和国境内江河、湖泊、水库、运河等通航水域及其港口航行、停泊和作业的一切船舶、排筏均应当遵守本规则。

船舶、排筏在国境河流、湖泊航行、停泊和作业，按照中国政府同相邻国家政府签有的协议或者协定执行。

船舶、排筏在与中俄国境河流相通的水域航行、停泊和作业不适用本规则。"

三、《规则》的责任和定义

1. 责任

《规则》第三条规定："船舶、排筏及其所有人、经营人以及船员应当对遵守本规则的疏忽而产生的后果以及对船员通常做法所要求的或者当时特殊情况要求的任何戒备上的疏忽而产生的后果责任。

不论由于何种原因，两船已逼近或者已处于紧迫局面时，任何一船都应当果断地采取最有助于避碰的行动，包括在紧迫危险时而背离规则，以挽救局面。

不论由于何种原因，在长江干线航运的客渡船都必须避让顺航道行驶的船舶。"

疏忽通常是指行为人并不存在希望损害发生的意图，但对损害的发生应该或能够预见却没有或没能预见，致使损害发生。疏忽，指的是行为人的过失行为，而不是其过失的心理状态。因而，疏忽通常又被解释为"应为而不为，不应为而为"的行为。

在船舶碰撞中，疏忽通常又被解释成：行为人并不存在希望碰撞损害发生的意图，但无视《规则》的规定，不顾船员的通常做法，对特殊情况缺乏应有的戒备，一意孤行，盲目行动，并且对该行动可能导致的严重后果未能予以充分的估计，对本应预见或能预见的危险却没有或没能预见，致使碰撞的发生或扩大碰撞的损害，在这种情况下，行为人所作出的一切行为或不为，均构成船舶碰撞的疏忽或过失。

2. 定义

《规则》第五条规定：

①"船舶"是指各种船艇、移动式平台、水上飞机和其他水上运输工具，但不包括排筏。

②"机动船"是指用机器推动的船舶。

③"非自航船"是指驳船、囤船等本身没有动力推动的船舶。

④"帆船"是指任何正在驶帆的船舶，包括装有推进器而不在使用者。

⑤"拖船"是指从事吊拖或者顶推（包括旁拖）的任何船舶。

⑥"船队"是指由拖船和被吊拖、顶推的船舶、排筏或者其他物体编成的组合体。

⑦"快速船"是指静水时速为 35 km 以上的船舶。

⑧"限于吃水的海船"是指由于船舶吃水与航道水深的关系，致使其操纵避让能力受到限制的船舶。限于吃水的海船实际吃水在长江定为 7 m 以上，珠江定为 4 m 以上。

⑨"在航"是指船舶、排筏不在锚泊、系靠或者搁浅。

⑩"船舶长度"是指船舶的总长度。

⑪"航路"是指船舶根据河流客观规律或者有关规定，在航道中所选择的航行路线。

⑫"顺航道行驶"是指船舶顺着航道方向行驶，包括顺着直航道和弯曲航道行驶。

⑬"横越"是指船舶由航道一侧横向或者接近横向驶向另一侧，或者横向驶过顺航道行驶船舶的船首方向。

⑭"对驶相遇"是指顺航道行驶的两船来往相遇，包括对遇或者接近对遇、互从左舷或者右舷相遇、在弯曲航道相遇，但不包括两横越船相遇。

⑮"能见度不良"是指由于雾、霾、下雪、风暴雨、沙暴等原因而使能见度受到限制的情况。

⑯"潮流河段"是指沿海各省、自治区、直辖市海事机构及长江海事局划定的受潮汐影响明显的河段。

⑰"干、支流交汇水域"是指不与本河（干流）同出一源的支流与本河的汇合处。

⑱"汊河口"是指与本河同出一源的汊河道与本河的分合处。

⑲"平流区域"是指水流较平缓的运河及水网地带。

⑳"渡船"是指内河Ⅰ级航道内，单程航行时间不超过 2 h，或单程航行距离不超过 20 km，其他内河通航水域单程航行时间不超过 20 min 的用于客渡、车渡、车客渡的船舶。

第七章　行动通则

第一节　瞭　望

一、条款内容

《规则》第六条规定："船舶应当随时用视觉、听觉以及一切有效手段保持正规的瞭望，随时注意周围环境和来船动态，以便对局面和碰撞危险作出充分的估计。"

二、条款解释

瞭望的手段包括：视觉瞭望、听觉瞭望和其他有效瞭望手段。

保持正规瞭望的目的，就是对局面碰撞危险作出充分的估计。正规瞭望的目的不限于为了船舶避碰，还包括防止船舶搁浅、触礁等其他危害航行安全的危险。基于船舶避碰的目的，主要包括：

① 凭借视觉、听觉和其他瞭望手段，从来船的形体、号灯和号型、声响信号等方式中获得的信息，及早发现在本船周围的其他船舶。

② 根据所获得的上述来船信息，了解和掌握他船种类、大小、动态、避让意图等。

③ 根据《规则》判定会遇局面、碰撞危险、避让责任等，从而按《规则》要求为船舶避碰决策和采取避碰行动提供可靠依据。

第二节　安全航速

一、条款内容

《规则》第七条规定："船舶在任何时候均应当以安全航速行驶，以便能够采取有效的避让行动，防止碰撞。

船舶决定安全航速时，应当考虑能见度、通航密度、船舶操纵性能、风、浪、流及航道情况和周围环境等主要因素；使用雷达的船舶，还应当考虑雷达设备的特性、效率和局限性。

机动船经过要求减速的船舶、排筏、地段和船舶装卸区、停泊区、鱼苗养殖区、渡口、施工水域等易引起浪损的水域，应当及早控制航速，并尽可能保持较大距离驶过，以避免浪损。

由于本身防浪能力或者防浪措施存在缺陷的，不能因本条第三款规定而免除责任。"

二、条款解释

1. 安全航速的含义

"安全航速"应符合"三性"要求。

① 经常性：能在任何时候均保持安全航速。

② 应变性：能够采取适当而有效的避碰行动，防止碰撞和浪损。

③ 适应性：能适合当时环境及其情况的要求。

通俗地讲，安全航速是指能够采取适当有效的避碰行动，并能适应当时环境和情况的要求，达到避免碰撞和浪损的速度。当船舶所处当时环境和条件发生变化时，应当及时调整船速，以保证船舶以安全航速行驶。

2. 决定安全航速应考虑的因素

① 能见度情况。

② 通航密度情况。

③ 船舶操纵性能。

④ 风、浪、流及航道情况和周围环境。

第三节　航行原则

一、条款内容

《规则》第八条规定："机动船航行时，上行船应当沿缓流或者航道一侧行驶，下行船应当沿主流或者航道中间行驶。但在潮流河段、湖泊、水库、平流区域，任何船舶应当尽可能沿本船右舷一侧航道行驶。

设有分道通航、船舶定线制的水域，必须按照有关规定航行和避让。两船对遇或者接近对遇应当互以左舷会船。"

二、条款解释

1. 上行船走缓流，下行船走主流

（1）适用水域 适用于机动船航行在潮流河段界限以上河段或者除潮流河段、湖泊、水库、平流区域外的水域。该水域特点是水流流向明显，具有明显的主流与缓流之分。水流流速因素对机动船航行具有明显的利用价值。

（2）航行原则 机动船航行时，上行船应当沿缓流或者航道一侧行驶，下行船应当沿主流或者航道中间行驶。可简称为"上行船走缓流、下行船走主流"航法（图7-1）。"上行船"是指航向朝向河流上游方向行驶的顺航道行驶船舶；"下行船"是指航向朝向河流下游方向行驶的顺航道行驶船舶。在这里，不论上行船还是下行船的航路均是顺航道行驶的航路，未包括横越的航路。

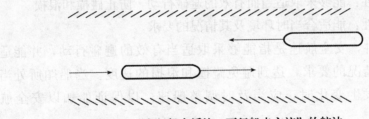

图7-1 "上行船走缓流、下行船走主流"的航法

在该水域人力船、帆船航行时，是否按机动船"上行船走缓流、下行船走主流"航法行驶，《规则》第八条第（一）款对此未作明确规定。如果对该水域人力船、帆船航行为做统一规定，就会对机动船航行与避让产生不利影响，所以在该水域人力船、帆船航行时，可参照该水域机动船的航行原则行驶。

2. 各自靠右行驶

（1）适用水域 适用于在潮流河段、湖泊、水库、平流区域等水域。在潮流河段，由于水流流向受潮汐涨落影响，同时又随季节、水位、朔望、风向、风力等因素的不同而变化，随着涨、落潮流的转换，河段水流的流向也随之变化。湖泊、水库、平流区域，虽航道宽度各异，但都具有水流较平缓、流速较小、流向不明显的共性。

（2）航行原则 任何船舶应当尽可能沿本船右舷一侧航道行驶。可简称为"各自靠右行驶"航法（图7-2）。该航法是根据潮流河段、湖泊、水库、平流区域的特点而确定的，其优点是比"上行船走缓流、下行船走主流"的航法更能够达到不同流向的船舶航路分隔开、确保安全距离会让的目的。它要求任何船舶根据本船吃水与航道水深的关系，只要安全可行，尽可能沿本船右舷一侧的航道行驶。

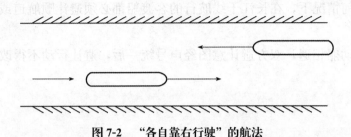

图 7-2　"各自靠右行驶"的航法

3. 船舶定线制

船舶定线制，是指以减少船舶碰撞事故为目的的单航路或多航路和（或）其他定线措施。其目的在于增进船舶汇聚区域和通航密度大的区域以及由于水域右舷而船舶的活动自由受到约束、存在碍航物、水深受限或气象条件较差水域中的船舶的航行安全。分道通航制是船舶定线最主要的方式。

分道通航制，是指通过适当方法建立通航分道，以分割相反的交通流的一种措施。它主要有分隔带或分隔线、通航分道、交通流方向等形式（图 7-3）。

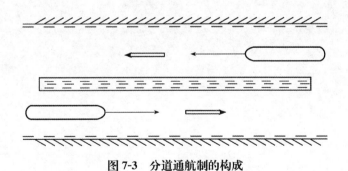

图 7-3　分道通航制的构成

第四节　避让原则

《规则》第九条规定："船舶在航行中要保持高度警惕，当对来船动态不明产生怀疑，或者声号不统一时，应当立即减速、停车，必要时倒车，防止碰撞。采取任何防止碰撞的行动，应当明确、有效、及早进行并运用良好驾驶技术，直至驶过让清为止。

船舶在避让过程中，让路船应当主动避让被让路船；被让路船也应当注意让路船的行动，并按当时情况采取行动协助避让。

在任何情况下，在长江干线航行的客渡船都必须避让顺航道或河道行驶的船舶。

两机动船相遇，双方避让意图经声号统一后，避让行动不得改变。"

第八章　机动船相遇避让

第一节　对驶相遇

一、条款内容

《规则》第十条规定："两机动船对驶相遇时，除本节另有规定外：

（一）上行船应当避让下行船，但在潮流河段，逆流船应当避让顺流船；在湖泊、水库、平流区域，两船中一船为单船，而另一船舶为船队时，则单船应当避让船队。

（二）在潮流河段、湖泊、水库、平流区域，两船对遇或者接近对遇，除特殊情况外应当互以左舷会船。

（三）机动船驾驶近弯曲航段、不能会船的狭窄航段，应当按规定鸣放声号，夜间也可用探照灯向上空照射以引起他船注意。遇到来船时，按本条（一）、（二）款规定避让，必要时上航船（潮流河段的逆流船）还应当在弯曲航段或者不能会船的狭窄航段下方等候下行船（潮流河段的顺流船）驶过。"

二、条款解释

（一）机动船对驶相遇的判断
机动船对驶相遇局面的判断，应同时满足以下条件。

1. 相遇两船均为机动船

2. 为顺航道行驶两船的来往相遇

顺航道行驶指顺航道行驶的上行船与下行船，或者逆流船与顺流船的两船来往相遇。包括下列具体形式：

① 对遇或者接近对遇（图8-1）。

② 互从左舷或者右舷相遇（图8-2）。

③ 弯曲航道相遇（图8-3）。

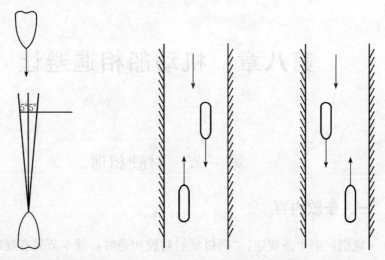

图 8-1　两船对遇或接近对遇　　　图 8-2　两船互从左舷或右舷相遇

3. 存在碰撞危险

机动船对驶相遇的碰撞危险应充分考虑两船相对速度大，供船舶分析判断以及采取行动的时间短的特点。

（二）机动船对驶相遇的避让责任

两机动船对驶相遇，《规则》规定，在不同适用水域，分别适用"上行船应当避让下行船""逆流船应当避让顺流船""单船应当避让船队"的避让责任。

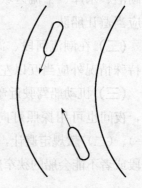

图 8-3　两船在弯曲航道相遇

第二节　追　越

一、条款内容

《规则》第十一条规定："一机动船正从另一机动船正横后大于 22.5° 的某一方向赶上、超过该船，可能构成碰撞危险时，应当认定为追越，并应当遵守下列规定：

（一）在狭窄、弯曲、浅滩航段、桥梁水域和船闸引航道禁止追越或者并列行驶。

（二）在可以追越的航道中，追越船必须按规定鸣放声号，并取得前船同意后，方可以追越。

（三）在追越过程中，追越船应当避让被追越船，不得和被追越船过于逼近，禁止拦阻被追越船的船头。

（四）被追越船听到追越船要求追越的声号后，应当按规定回答声号，表示是否同意追越。在航道情况和周围环境允许时，被追越船应当同意追越船追越，并应当尽可能采取让出一部分航道和减速等协助避让的行动。"

二、条款解释

1. 追越的判断

后船位于前船正横后大于 22.5°的任一方向上，这就表明了两船的相互位置关系，即后船位于前船的尾灯的水平光弧区之内，在夜间只能看见被追越船的尾灯而不能看见他船的任一舷灯（图 8-4）。同时，后船位于前船尾灯的能见距离之内。在白天，这一确定两船之间距离的方法同样适用。

两船间存在速度差，只有在后船速度大于前船速度的前提下，后船才能赶上、超过前船。否则，也就不存在追越过程。

当后船与前船可能构成碰撞危险时，应认定为追越。

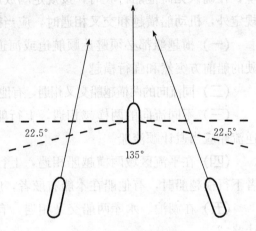

图 8-4 追越的构成

2. 追越避让责任

《规则》明确指出追越局面中追越船是让路船，而被追越船则是被让路船。在追越过程中，追越船比被追越船速度快，更具有避让能力，而且追越是主动行为，追越船应该承担让路责任。

3. 追越避让行动

追越船应判明所处水域是否属于禁止追越的水域。此外，还要视航道情况来判断是否具备可追越的航道宽度条件，追越过程中会否出现与第三船形成紧迫局面的情形。

追越船还要明确追越的要求与许可。根据规定，在可以追越的航道中，追越船无论是否需要前船采取协助行动，都必须按规定鸣放声号，以表达本船要求追越的企图。

被追越船也应按照《规则》要求履行协助避让的责任和义务。被追越船当听到追越船要求追越的声号后，应及时鸣放声号，表明是否同意追越，并尽可能采取让出供追越船追越行驶的航道或减速让追越船快速通过等协助避让的行动。

第三节　横越和交叉相遇

一、条款内容

《规则》第十二条规定："机动船在横越前应当注意航道情况和周围环境，在确认无碍他船行驶时，按规定鸣放声号后，方可以横越。除本节另有规定外，机动船横越和交叉相遇时，应当按下列规定避让：

（一）横越船都必须避让顺航道或河道行驶的船，并且不得在顺航道行驶的船前方突然和强行横越。

（二）同流向的两横越船交叉相遇，有他船在本船右舷者，应当给他船让路。

（三）不同流向的两横越相遇，上行船应当避让下行船，但在潮流河段逆流船应当避让顺流船。

（四）在平流区域两横越船相遇，上行船应当避让下行船；同为上行或者下行横越船时，有他船在本船右舷者，应当给他船让路。

（五）在湖泊、水库两船交叉相遇，有他船在本船右舷者，应当给他船让路。"

二、条款解释

（一）横越和交叉相遇的判断

1. 横越

横越包括两层含义：① 以航道参照，机动船由航道一侧横向或接近横向驶向另一侧；② 机动船以顺航道行驶船的船首为参照，横向驶过顺航道行驶船的船首方向。"横向或者接近横向"，通常是船首向与以上参照呈大角度或者较大角度。

2. 交叉相遇

交叉相遇不仅包括两横越船的航向交叉，即同流向的两横越船交叉相遇和不同流向的两横越船相遇（图8-5、图8-6），也包括一船与另一顺航道行驶船舶的航向交叉，因而，可认为"横越"是"交叉相遇"中的特殊形式。

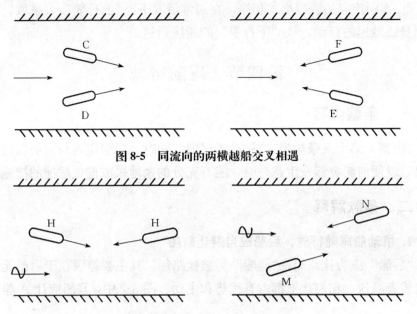

图 8-5　同流向的两横越船交叉相遇

图 8-6　不同流向的两横越船相遇

（二）机动船横越和交叉相遇的避让责任

横越船应当避让顺航道或河道行驶船；有他船在本船右舷者，应当给他船让路；上行船应当避让下行船。

（三）机动船横越和交叉相遇的避让行动

1. 机动船横越的避让行动

机动船横越，尤其是机动船在顺航道行驶船的前方突然和强行横越，是导致与顺航道行驶船舶发生碰撞事故的重要原因。因此，《规则》对机动船的横越条件、责任、方式、行动的要求十分严格。

① 机动船横越前应当注意航道情况和周围环境，确认无碍他船行驶，按规定鸣放声号后方可横越。任何机动船均不可任意横越。

② 横越船都必须避让顺航道或河道行驶的船，并不得在顺航道行驶船的船前方突然和强行横越。横越船不仅具有"不应妨碍"的避让责任，而且，一旦与顺航道或河道行驶船致有构成碰撞危险时，还应当给顺航道或河道行驶船舶的让路。

2. 机动船交叉相遇的避让行动

① 同流向的两横越船交叉相遇，在通常情况下，"居左船"可采取减速

或向右转向的行动，从"居右船"的船尾通过，应避免横越他船前方。

② 不同流向的两船交叉相遇，在通常情况下，"上行船"可采取转向调顺船身或减速的行动，从"下行船"的船尾通过。

第四节　尾随行驶

一、条款内容

《规则》第十三条规定："机动船尾随行驶时，后船应当与前船保持适当距离，以便前船突然发生意外时，能有充分的余地采取避免碰撞的措施。"

二、条款解释

1. 机动船尾随行驶，后船应当避让前船

"后船"应为让路船，"前船"为被让路船。其主要原因在于后船无论是转向或者减速，在避让上都占有优势和主动。图 8-7 中，B 船应让 A 船。

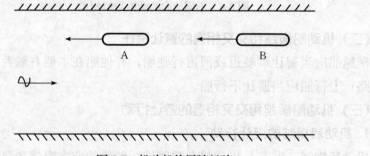

图 8-7　机动船的尾随行驶

2. 机动船尾随行驶的避让行动

机动船尾随行驶时，应注意以下两点：

① 对前船可能突然发生的意外情况应保持高度戒备，包括：突然转向、减速、停车甚至倒车等情况，还包括前船可能出现的失控、搁浅、触礁等情况。

② 与前船保持适当距离行驶。

第五节　客　渡　船

一、条款内容

《规则》第十四条规定："在长江干线航行的客渡船与其他顺航道或河道

行驶的机动船相遇，客渡船都必须避让顺航道或河道行驶的船舶，并不得与顺航道或河道行驶的船舶抢航、强行追越或者强行横越或掉头。两渡船相遇时，应按本节各条规定避让。"

二、条款解释

1. 在长江干线航行的客渡船都必须避让顺航道或河道行驶的船舶

在长江干线航行的客渡船不论在何种水域、以何种态势与其他顺航道或河道行驶的机动船相遇存在碰撞危险时，"客渡船"都是让路船，而"顺航道或河道行驶的机动船"都是被让路船。

2. 两渡船相遇时，应按《规则》第二章第二节各条规定避让

对于两渡船相遇，由于二者都是渡船，其本身所具有的避让操纵性能相近，所以，应当按《规则》第二章第二节各条规定避让。

第六节 干、支流交汇水域

一、条款内容

《规则》第十五条规定："机动船驶经支流河口，在不违背第八条规定的情况下，应当尽可能地绕开行驶。除在平流区域外，两机动船在干、支流交汇水域相遇时，应当按下列规定避让：

（一）从干流驶进支流的船，应当避让从支流驶出的船。

（二）干流船同从支流驶出的同一流向行驶，干流船应当避让从支流驶出的船。

（三）干流船同从支流驶出的船不同流向行驶，上行船应当避让下行船，但在潮流河段逆流船应当避让顺流船。

两机动船在平流区域进出干、支流交汇水域相遇时，有他船在本船右舷者，应当给他船让路。"

二、条款解释

机动船在干、支流交汇水域相遇的避让责任

① 从干流驶进支流的船，应当避让从支流驶出的船，图8-8中，甲船应让乙船。

② 干流船同从支流驶出的船同一流向行驶，干流船应当避让从支流驶出的船，图 8-9 中，甲船应让乙船。

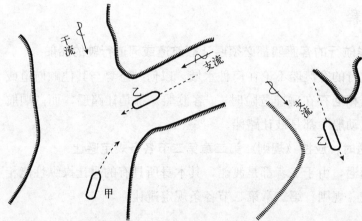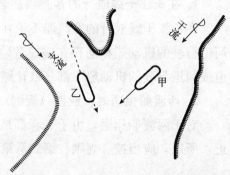

图 8-8　从干流驶进支流的船应当避让
　　　　从支流驶出的船

图 8-9　干流船应当避让从支流驶出的船

③ 干流船同从支流驶出的船不同流向行驶，上行船（逆流船）应当避让下行船（顺流船），图 8-10 中，甲船应让乙船。

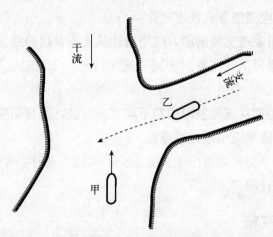

图 8-10　上行船（逆流船）应当避让下行船（顺流船）

④ 有他船在本船右舷者，应当给他船让路，条件是两机动船在平流区域进出干、支流交汇水域相遇时。图 8-11 中，甲船应让乙船。

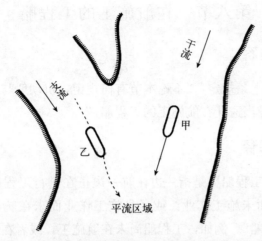

图8-11　在平流区域有他船在本船右舷者应当给他船让路

第七节　汊河口

一、条款内容

《规则》第十六条规定："两机动船在汊河口相遇，同一流向行驶时，有他船在本船右舷者，应当给他船让船；不同流向行驶时，上行船应当避让下行船，但在潮流河段逆流船应当避让顺流船。"

二、条款解释

机动船在汊河口相遇的避让责任为：同一流向行驶时，有他船在本船右舷者，应当给他船让路，图8-12①中，甲船应让乙船。不同流向行驶时，上行船应当避让下行船，图8-12②中，甲船应让乙船。

图8-12　有他船在本船右舷者应当给他船让路

第八节　在航施工的工程船

一、条款内容

《规则》第十七条规定："不论本节有何规定，机动船与在航施工的工程船相遇，机动船应当避让在航施工的工程船。"

二、条款解释

"在航施工的工程船"是指一边在航一边正在进行工程施工作业的工程船。如果虽在航而未施工作业，或者虽施工作业而未在航，则均不能称为"在航施工的工程船"。例如，工程船尚未在航施工，或者在航施工完毕，以及为施工服务的辅助船舶，如运送泥沙、材料、人员和担负交通的船艇，均不属于"在航施工的工程船"之列。

机动船与在航施工的工程船相遇，无论任何水域、任何会遇方式，机动船应当避让在航施工的工程船。

第九节　限于吃水的海船

一、条款内容

《规则》第十八条规定："在长江干线航行的客渡船都必须避让限于吃水的船舶。

限于吃水的海船遇有来船时，应当及早发出会船声号。除第十七条外，不论本节有何规定，来船都必须避让限于吃水的海船并为其让出深水航道。两艘限于吃水的海船相遇时，应当按本节各条规定避让。"

二、条款解释

除在航施工的工程船、失去控制的船舶外，其他来船应当避让限于吃水的海船。

如果限于吃水的海船与在航施工的工程船相遇，则应遵守《规则》规定"限于吃水的海船应当避让在航施工的工程船"。除此之外，如果限于吃水的海船与其他来船相遇，则应遵守"来船都必须避让限于吃水的海船并为其让出深水航道"的规定，在长江干线航行的客渡船都必须避让限于吃水的海船。

限于吃水的海船在航时，应给在航施工的工程船、失去控制的船舶让路。

机动船、客渡船、渔船、人力船、帆船在航时，应给限于吃水的海船让路。

第十节 快 速 船

一、条款内容

《规则》第十九条规定："快速船在航时，应当宽裕地让清所有船舶。两快速船相遇时，应当按本节各条规定避让。"

二、条款解释

快速船在航时，应当宽裕地让清所有船舶。在避让责任上，快速船是让路船，而其他所有船舶是被让路船。"所有船舶"包括各种类型和性质的船舶，从船舶类型上看包括在航施工的工程船、失去控制的船舶、限于吃水的海船、渡船、渔船、机动船、帆船、人力船；从船舶性质上看包括顺航道行驶船、横越船、掉头船、靠离泊船。

另外，本条规定快速船在航时，应当宽裕地让清所有船舶。这并不意味着快速船在航与他船相遇，只有让路的责任和义务，而不享有被协助让路或者不应被妨碍行驶的权利。特别是当快速船顺航道行驶时，他船不可在其前方横越、掉头、靠离泊，否则极易形成紧迫局面，给快速船的避让带来困难。

> **读一读**
>
> 目前，我国内河常见的快速船有水翼船、气垫船，以及其他静水时速在35 km/h以上的排水状态航行的高速船。"快速船"应按规定显示号灯。快速船在航时，夜间除显示桅灯、舷灯、尾灯外，还显示一盏环照黄色闪光灯（白天也应显示）。

第十一节 掉 头

一、条款内容

《规则》第二十条规定："机动船或者船队在掉头前，应当注意航道情况和周围环境，在无碍他船行驶时，按规定鸣放声号后，方可以掉头。

过往船舶应当减速等候或者绕开正在掉头的船舶行驶。"

二、条款解释

"机动船掉头"是指将机动船航行方向改变 180°的操作过程。对顺航道行驶船舶而言，通常是上下行船舶或者顺逆流船舶航向转换过程。机动船在掉头过程中，操作复杂，回转水域大，占据航宽大，对过往船舶阻碍大（图 8-13）。

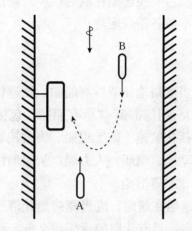

图 8-13　机动船掉头与过往船舶相遇

机动船掉头不应妨碍过往船舶的行驶，应负有不应妨碍的避让责任，特别是应正确把握掉头时机和方法，尽最大可能避免与过往船舶形成碰撞危险。

机动船掉头与过往船舶相遇的避让行动：

1. 机动船掉头前的行动

① 掉头前应当注意航道情况和周围环境，不仅要考虑航道情况，如：航道、水流、气象、通航密度、船舶尺度、操纵性能，以及来船类型、大小、动态、距离、速度等能否适合掉头，还要考虑是否妨碍过往船舶行驶。这是决定机动船选择掉头水域、时机、方法的必备条件。在掉头条件不具备的情况下，机动船决不能盲目掉头，也不能强行掉头和突然掉头。

② 机动船掉头不应妨碍他船（过往船舶）行驶。

③ 机动船掉头前，在确认无碍过往船舶行驶时，应按《规则》显示号灯和号型，并且，还应规定鸣放声号。如向左掉头，应鸣放声号一长两短

声；如向右掉头，应鸣放声号一长一短声，以此表明机动船掉头性质和掉头方向，便于过往船舶的及早避让，决不能在没有显示任何掉头信号的情况下突然掉头。

2. 过往船舶的行动

过往船舶，在享有正在掉头的机动船"不应妨碍"权利的同时，应注意到与正在掉头的机动船相遇致有构成碰撞危险时要承担的避让责任和义务。正在掉头的机动船可认为避让操纵能力受到一定限制，在此情况下，过往船应根据机动船掉头和掉头方向，采取减速等候或者绕开行驶的避让行动。一般地，在弯曲狭窄航段，过往船舶必须采取减速等候的避让行动，待机动船掉头完毕、调顺船身后才能通过；在顺直宽阔航段，过往船舶宜采取减速等候或者绕开行驶的避让行动。

第九章 机动船、非机动船
相遇的避让

第一节 机动船、非机动船相遇

一、条款内容

《规则》第二十一条规定："除快速船外，机动船与人力船、帆船、排筏相遇时，船舶、排筏均应当遵守下列规定：

（一）机动船发现人力船、帆船有碍本船航行时，应当鸣放引起注意和表示本船动向的声号。人力船、帆船听到声号或者见到机动船驶来时，应当迅速离开机动船航路或者尽量靠边行驶。机动船发现与人力船、帆船距离逼近，情况紧急时，也应当采取避让行动。

（二）人力船、帆船除按当地主管部门规定的航线航行外，不得占用机动船航道或航路。

（三）人力船、帆船不得抢越机动船船头或者在航道上停桨流放，不得驶进机动船刚刚驶过的余浪中去，不得在狭窄、弯曲、滩险航段、桥梁水域和船闸引航道妨碍机动船安全行驶。

（四）人工流放的排筏见到机动船驶来，应当及早调顺排身，以便于机动船避让。"

二、条款解释

机动船与人力船、帆船相遇的避让责任：

1. 人力船、帆船不应妨碍机动船顺航道行驶

其目的是为了减小机动船顺航道行驶受阻，维护机动船顺航道行驶的需要，同时也是对人力船、帆船的安全保护。

2. 人力船、帆船与机动船相遇

人力船、帆船与机动船相遇存在碰撞危险，如构成《规则》其他条件指定的让路船或被让路船时，应遵守：

① 人力船、帆船应当避让在航施工的工程船、限于吃水的海船、渔船、失去控制的船舶。

② 除在航施工的工程船、限于吃水的海船、渔船、失去控制的船舶之外，其他机动船（包括快速船）应当避让人力船、帆船。

第二节　非机动船筏相遇

一、条款内容

《规则》第二十二条规定："帆船、人力船、排筏相遇，按下列规定避让：

（一） 两帆船相遇，顺风船应当避让抢风船；两船都是顺风船或者抢风船，左舷受风船应当避让右舷受风船；两船同舷受风，上风船应当避让下风船。

（二） 帆船应当避让人力船。

（三） 帆船、人力船都应当避让人工流放的排筏。"

> **读一读**
>
> ### 何谓"顺风"和"抢风"
>
> 从船尾20°范围内吹来的风称为"顺风"，顺风时，帆面与风向垂直。除顺风外，还有左、右斜顺风。本条所指的顺风船包括顺风帆船和斜风帆船。
>
> 帆船张帆行驶时，表示从正横前吹来时的一种帆船操作术语称为"抢风"。抢风行驶的帆船称为抢风船。

二、条款解释

两船都是顺风船或者抢风船，左舷受风船应当避让右舷受风船。

帆船应当避让人力船。帆船、人力船都应当避让人工流放的排筏。

以上避让责任，是根据帆船、人力船、人工流放的排筏的避让优劣而确定的。显然，帆船比人力船的避让操纵性能好，而帆船、人力船又比人工流放的排筏的避让操纵性能好。帆船在无风的情况下可以显示失去控制的船舶的信号，与船舶相遇时享有被让路的权利。

第十章　能见度不良及其他规定

第一节　能见度不良

一、条款内容

《规则》第二十三条规定："船舶在能见度不良的情况下航行，应当以适合当时环境和情况的安全航速行驶，加强瞭望，并按规定发出声响信号。

装有雷达设备的船舶测到他船时，应当判定是否存在着碰撞危险。若是如此，应当及早地与对方联系并采取协调一致的避让行动。

除已判断不存在碰撞危险外，每一船舶当听到他船雾号不能避免紧迫局面时，应当将航速减到维持其航向操纵的最低速度。

无论如何，每一船舶都应当极其谨慎地驾驶，直到碰撞危险过去为止，必要时应及早选择安全地点锚泊。"

二、条款解释

1. 判定不存在碰撞危险

"判定不存在碰撞危险"通常是指虽然听到来船的雾号，但已确定该船正在驶离或者能够保证足够的会遇距离，或者会按照正确的航法不致造成两船间的避让冲突等。

2. 当听见他船雾号不能避免紧迫局面时

因为雾号的可听距离可能在 1 km 以下，所以，当听到来船雾号时，两船往往已不能避免紧迫局面的形成。另外，雾号的声音在雾中不一定沿直线传播，不能简单地将雾号传来的方向作为来船的方向。

第二节　靠泊离泊

一、条款内容

《规则》第二十四条规定："机动船靠、离泊位前。应当注意航道情况和周围环境，在无碍他船行驶时，按规定鸣放声号后，方可行动。

正在上述水域附近行驶的船舶，听到声号后，应当绕开行驶或者减速等候，不得抢档。"

二、条款解释

机动船靠、离泊不应妨碍他船的行驶，负有不应妨碍的避让责任，尽可能避免与他船形成碰撞危险，这是避免机动船靠、离泊与他船发生碰撞事故的主要方面。

当机动船靠、离泊，与附近行驶的同类机动船相遇存在碰撞时，通常认为靠、离泊的机动船是被让路船，附近行驶的机动船是让路船。

机动船靠离泊与他船相遇的避让行动：

1. 机动船靠离泊的行动

① 靠离泊前应注意航道情况和周围环境。

② 无碍他船（附近行驶的船舶）行驶。

③ 按规定鸣放声号。

2. 附近行驶的船舶的行动

① 应当绕开行驶或者减速等候。

② 不得抢档。

第三节　停　　泊

一、条款内容

《规则》第二十五条规定："船舶、排筏在锚地锚泊不得超出锚地范围。系靠不得超出规定的尺度。停泊不得遮蔽助航标志、信号。

船舶、排筏禁止在狭窄、弯曲航道或者其他有碍他船航行的水域锚泊、系靠。

除因工作需要外，过往船舶不得在锚地穿行。"

二、条款解释

"停泊"是指船舶、排筏不在航或者搁浅的状态。例如，船舶或排筏已靠泊码头、系泊浮筒、锚泊及停靠坡边等。

船舶、排筏停泊的位置和范围对过往船舶的航行和避让产生直接影响。

如船舶、排筏停泊位置不当，或不按规定显示灯号型，或在能见度不良时不按规定鸣放雾号，将给过往船舶的航行和避让带来极大困难。

第四节　渔船捕鱼

一、条款内容

《规则》第二十六条规定："渔船捕鱼时，不得阻碍其他船舶航行，在航道上不得设置固定渔具。"

二、条款解释

1. 渔船的含义和判断

"渔船"，通常是指使用网绳钓、拖网或其他使其操纵性能受到限制的渔具捕鱼的任何船舶。判断船舶是否构成"渔船"应考虑以下两个条件：①正在从事捕鱼作业，"渔船捕鱼"也正是指渔船正在从事捕鱼作业，而不包括不捕鱼时，如驶往渔场或从渔场返回途中，不在捕鱼的渔船，不属于《规则》所指的"渔船"；②所使用的渔具使其操纵性能受到限制，即所使用的渔具使其转向和变速性能受到限制，但并未严重到不能给他船让路的程度。

2. 渔船捕鱼的特点

渔船类型多、数量大、分布广，捕鱼作业方式和技术设备也各不相同，对过往船舶妨碍大，在航道条件受限制的内河通航水域，常与过往船舶发生碰撞事件或发生网具缠绕螺旋桨事故。为了预防此类事件的发生，驾驶人员必须了解渔船捕鱼的以下特点：

（1）密集型　在渔汛期间，渔船成群结队地进行作业，有时甚至布满整个江面，严重阻碍过往船舶的航行。

（2）灯光复杂　渔船除显示《规则》规定的号灯外，当他们在临近一起捕鱼时，还将显示他们制定的相互联系的信号。因此，在渔船群集区域内，灯光闪耀，比比皆是，不易识别。

（3）渔具伸展长度不一　由于渔船捕鱼作业方式不同，渔具伸展长度各异，标志不明，位置不清，给过往船舶的螺旋桨带来安全隐患。

（4）渔船设备简陋　在内河从事捕鱼的船舶有相当一部分设备简陋，不能完全按照规定显示号灯、号型，有的甚至不点灯或不能鸣放雾号，给过往船舶的识别和发现带来困难。

3. 渔船捕鱼的避让责任

（1）渔船捕鱼时，不得阻碍其他船舶航行，在航道上不得设置固定渔具 在避让责任上，本条采用了"不得阻碍"的用语，其实质与"不应妨碍"的避让责任相同。渔船捕鱼是"不应妨碍的船舶"，而他船是"不应被妨碍的船舶"。渔船履行"不应妨碍"的避让责任，应尽可能采取避免发生碰撞危险的方法航行或作业，见他船驶来，应留出足够的水域供他船安全通过，同时，还应注意渔具对他船所带来的不利影响，因此，本条要求"在航道上不得设置固定渔具"。因为渔船设置固定渔具，极有可能缠绕他船螺旋桨，给他船航行安全带来威胁。

（2）渔船捕鱼（在航）与他船构成碰撞危险时，如构成《规则》其他条款指定的让路船或被让路船，则应遵守《规则》其他相关条款规定 ① 快速船、机动船、帆船、人力船在航时，应给渔船让路；② 渔船捕鱼或在航时，应给在航施工的工程船、限于吃水的海船、失去控制的船舶让路。

第五节　失去控制的机动船、非自航船

一、条款内容

《规则》第二十七条规定："失去控制的机动船、非自航船应当及早选择安全地点锚泊。严禁非自航船自行流放。"

二、条款解释

"失去控制的船舶"是指由于某种异常情况，不能按照本规则条款的要求进行操纵，因而不能给他船让路的船舶。失去控制的船舶定性为不能给他船让路的船舶，其原因是存在某种异常情况所致。如：① 机动船推进系统发生故障，如主机故障、主轴断裂或车叶损坏丢失等；② 舵系统发生故障、舵叶损坏丢失等；③ 风大流急导致船舶走锚时，其中也包括非自航船走锚时；④ 船舶发生火灾，正按灭火要求操纵；⑤ 船队出现断缆散队后，驳船出现漂流时；⑥ 船体破损进水时；⑦ 风浪流情况或其他意外情况使船舶不能任意改变航向或者航速等。

失去控制的船舶应按照《规则》第三十九条规定应显示号灯和号型，便于他船及早发现，主动避让。若失去控制的船舶在失控期间，未能按照《规则》规定显示号灯和号型，则丧失"失去控制的船舶"应享有的权利。

第十一章 号灯和号型

第一节 号灯号型概述

号灯和号型是用来表示船舶种类、大小、动态和工作性质的灯光和形体。

《规则》第二十八条对号灯的显示做出了规定："有关号灯的各条规定从日落到日出期间应当遵守。在白天能见度不良的情况下也可以显示有关号灯。在显示号灯的时间内，凡是可能与规定号灯相混淆或者减弱其显示性能的灯光，均不得显示。"

《规则》第二十八条还对号型的显示做出了规定："有关号型的各条规定，在白天都应当遵守"。

在下列情况下可同时显示号灯和号型：① 能见度不良的白天；② 在日出之前和日落之后仍属于天亮的两段时间内，包括晨昏蒙影期间；③ 从日出到日落间，任何认为有必要显示号灯的其他情况。

1. 号灯的定义

① "桅灯"是指安装在船舶的桅杆上方或者首尾中心线上方的号灯，在225°内显示不间断的灯光。

② "舷灯"是指安装在船舶最高甲板左右两侧的左舷的红灯光和右舷的绿灯光，各自在112.5°的水平弧内显示不间断的灯光，其装置要使灯光从船舶的正前方到各自一舷的正横后22.5°内分别显示。

③ "尾灯"是指安置在船尾正中的白光灯，在135°的水平弧内显示不间断的灯光，其装置要使灯光从船舶的正后方到每一舷67.5°内显示（图11-1）。

④ "船首灯"是指安置在被顶推驳船首的一盏白灯，在180°的水平弧内显示不间断的灯光，其装置要使灯光从船舶的正前方到每一舷90°内显示，但不得高于舷灯。

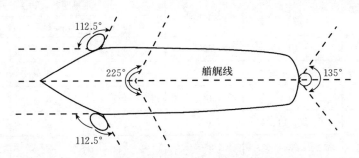

图 11-1 号灯显示角度示意图

⑤"环照灯"是指在 360°的水平弧内显示不间断灯光的号灯。

⑥"红闪光灯""绿闪光灯"是指安置在舷灯上方左红、右绿闪光灯，其频率为每分钟 50~70 闪次。

船舶长度小于 12 m 的机动船也可以用红、绿光手电筒代替红、绿闪光灯，但应当保持灯光明亮，颜色清晰分明。

⑦"黄闪光灯"是指安置在快速船桅杆上的黄闪光灯环照灯，其频率为每分钟 50~70 闪次。

⑧"红、绿光合并灯"是指安装在桅灯的位置，分别从船舶的正前方到左舷正横后 22.5°内显示红光，到右舷正横后 22.5°内显示绿光的一盏并合灯。

⑨"红、白、绿光三色灯"是指安装在桅灯的位置，分别从船舶的正前方到左舷正横后 22.5°内显示红光，到右舷正横后 22.5°内显示绿光，从船舶的正后方到每舷 67.5°内显示白光的并合灯。

⑩"操纵号灯"是指有条件的船舶安置在一盏或者多盏桅灯的同一首尾垂直面上，并不低于前桅灯的位置的一盏白光环照灯，以补充《规则》第四十四条第（一）款所规定的声号，其灯光的每闪历时应当尽可能与声号鸣放的历时时间同步，其表示的意义与相应的声号意义相同。操纵号灯的能见距离至少为 4 km。

2. 号灯的能见距离

"能见距离"是指在大气透射率为 0.8 的黑夜，用正常目力能见到的规定的号灯距离。各类号灯的灯色、水平光弧和能见距离见表 11-1。

表 11-1　各类号灯的灯色、水平光弧和能见距离

号灯类型	灯色	水平光弧	能见距离（km）		
			$L \geqslant 50\,m$	$30\,m \leqslant L \leqslant 50\,m$	$L \leqslant 30\,m$
桅灯	白	225°	6	5	3
舷灯	左红、右绿	112.5°	4	3	2
尾灯	白	135°	4	3	2
环照灯	红、绿、白、黄	360°	4	3	2
闪光灯	红、绿、黄	360°	4	3	2
船首灯	白	180°	2	2	2
操纵号灯	白	160°	$\geqslant 4$		
人力船、帆船、排筏和 $L < 20\,m$ 的机动船的白光环照灯			2		
红、绿光并合灯和红、白、绿光三色灯			1		

注：L 表示船舶长度。

第二节　各类船舶号灯号型

一、在航机动船

① 船长小于 50 m，应显示桅灯、舷灯、尾灯（图 11-2）。

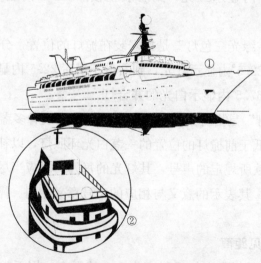

图 11-2　船舶长度 50 m 以下的机动船

① 白色为桅灯，红、绿为舷灯　② 白色为尾灯

② 船长大于或等于 50 m，应显示前桅灯、后桅灯、舷灯、尾灯（图 11-3）。

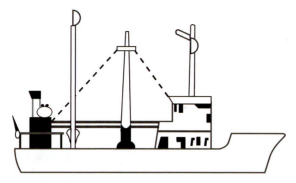

图 11-3 船舶长度 50 m 及以上的机动船

③ 船长小于 12 m，应显示桅灯、舷灯、尾灯。如条件不具备时，可显示一盏红、绿并合灯、一盏白环照灯（图 11-4）；或者一盏红、白、绿三色灯，以代替上述规定号灯。

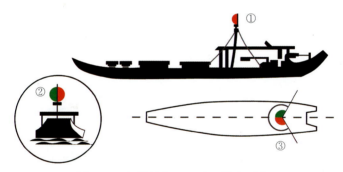

图 11-4 船舶长度 12 m 以下的机动船
① 为桅灯，桅灯不应为红色 ② 为红绿合并灯 ③ 为三色灯

④ 快速船，应显示桅灯、舷灯、尾灯和一盏黄闪光环照灯（不论夜间或白天均可显示）（图 11-5）。

图 11-5 快速船

⑤ 限于吃水的海船，夜间应显示桅灯、舷灯、尾灯和三盏红光环照灯，白天应悬挂圆柱号型一个（图11-6）。

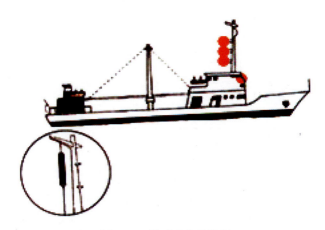

图 11-6　限于吃水的海船

⑥ 横江渡船，夜间应显示桅灯、舷灯、尾灯和两盏水平绿环照灯，白天应悬挂双箭头号型一个（图11-7）。

图 11-7　横江渡船

二、在航船队

在航船队应按拖带形式显示号灯。

1. 吊拖、吊拖又顶推船舶

应显示两盏白桅灯、舷灯、尾灯，为了便于被吊拖船舶操舵，也可以在烟囱或者桅的后面，高于尾灯的位置显示另一盏白光灯，但灯光不得在正横以前显露（图 11-8）。

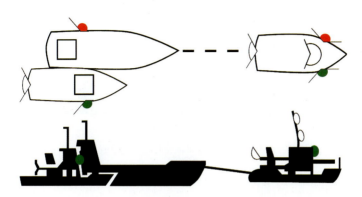

图 11-8　拖船吊拖、吊拖又顶推船舶

2. 吊拖排筏

应显示白、绿、白桅灯各一盏，及舷灯和尾灯。为便于被吊拖排筏操舵，也可以在烟囱或者桅的后面，高于尾灯的位置显示另一盏白光灯，但灯光不得在正横以前显露（图 11-9）。

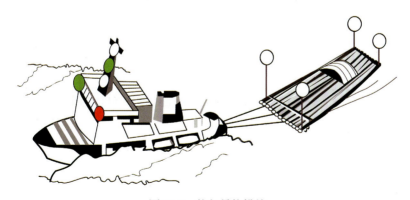

图 11-9　拖船吊拖排筏

3. 顶推船舶、排筏

应显示三盏白桅灯、舷灯、尾灯。如显示有困难时，可以改在船队中最适宜的船舶上显示（图 11-10）。

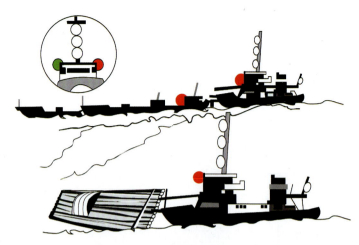

图 11-10　拖船顶推船舶、排筏

三、在航非机动船筏

1. 在航非机动船

应当在船尾最易见处显示一盏白光环照灯（图 11-11）。

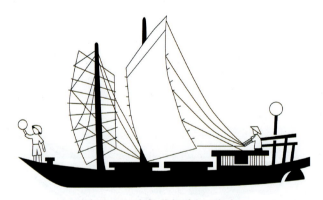

图 11-11　在船非机动船（帆船）

帆船遇见机动船驶来时，应当及早在船头显示另一盏白光环照灯或者白光手电筒，直到机动船驶过为止。

人力船、帆船由于操作上的困难，确实不能按照机动船要求方向避让时，夜间应当用白光灯或者白光手电筒，白天用白的号旗左右横摇。

2. 人工流放的排筏

应当在排筏前后高出排面至少 1 m 处各显示一盏白光环照灯。

四、工程船

1. 工程船在工地位置固定时

（1）夜间 应显示三盏环照灯，其连线构成尖端向上的等边三角形，三角形顶端为红光环照灯底边两端，通航一侧为白光环照灯，不通航一侧为红光环照灯。

（2）白天 在桅杆横桁两端各悬挂号型一个，通航一侧为圆球一个，不通航一侧为十字号型一个（图11-12）。

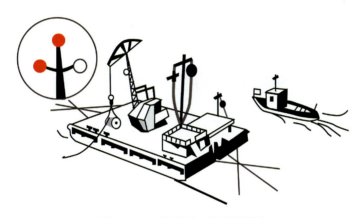

图 11-12　工程船在工地位置固定

2. 自航工程船在航施工时

（1）夜间 除应显示机动船在航号灯外，还应显示红、白、红光环照灯各一盏。

（2）白天 应悬挂圆球、菱形、圆球号型一个（图11-13）。

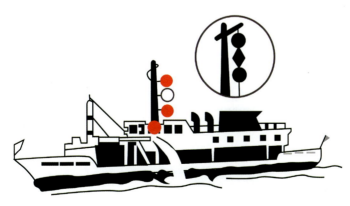

图 11-13　自航工程船在航施工

如被拖带的工程船在航施工时，除按《规则》第三十条规定显示号灯外，还应当显示与自航工程船在航施工时相同的号灯、号型。

3. 工程船有伸出排泥管时

详见图 11-14 所示。

4. 船舶有潜水员作业时

（1）夜间　应当显示一盏红光环照灯（图 11－15）。

（2）白天　悬挂"A"字旗一面（图 11-15）。

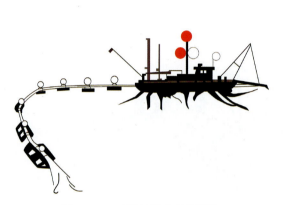

图 11-14　工程船伸出的排泥管

图 11-15　船舶有潜水员作业

五、掉头

（1）夜间　应当显示红、白环照灯各一盏。

（2）白天　应悬挂上方圆球一个，下方回答旗一面的信号（图 11-16）。

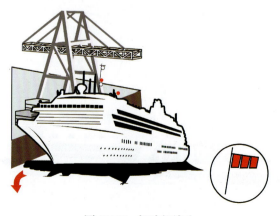

图 11-16　机动船掉头

六、停泊

1. 机动船、非自航船停泊时

（1）夜间　除航标艇外，应显示一盏白光环照灯（图 11-17①）；船舶长度为 50 m 以上的，应当在前部和尾部各显示一盏白光环照灯，前灯高于后灯（图 11-17②）。

（2）白天　应悬挂圆球一个。

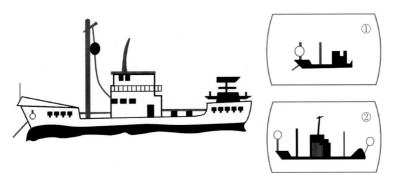

图 11-17　机动船、非自航船停泊（锚泊）

2. 人力船、帆船停泊时

应当显示一盏白光环照灯（图 11-18）。

图 11-18　人力船、帆船停泊

3. 排筏停泊时

应在靠航道一侧，前部和后部各显示白光环照灯一盏。

4. 停泊的船舶、排筏

应向外伸出有碍其他船舶行驶的缆索、锚、锚链或者其他类似的物体时，在伸出的方向上，夜间应显示红光环照灯一盏，白天应悬挂红色号旗一面（图 11-19）。

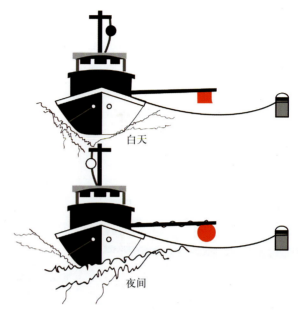

白天

夜间

图 11-19　停泊的船舶向外伸出有碍其他船舶行驶的物体

七、搁浅

（1）夜间　除显示停泊号灯外，还应当显示两盏红光环照灯（图 11-20②）。

（2）白天　应悬挂圆球三个（图 11-20①）。

图 11-20　机动船搁浅

八、装运危险品货物

装运易燃、易爆、剧毒、放射性危险货物的船舶在停泊、装卸及航行中，除显示为一般船舶规定的信号外，还应当显示下列号灯和旗号。

（1）夜间　在桅杆的横桁上应显示一盏红光环照灯（图11-21①）。

（2）白天　应悬挂"B"字旗一面（图11-21②）。

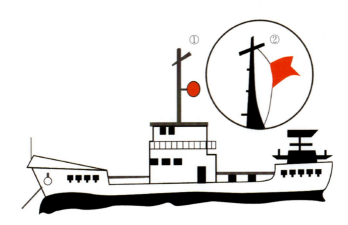

图 11-21　船舶载运危险品货物

九、要求减速

1. 船舶、排筏或者地段要求减速时

（1）夜间　应显示绿、红光环照灯各一盏。

（2）白天　应悬挂"RY"信号旗一组（图11-22）。

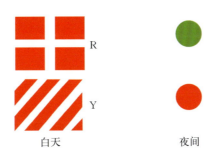

图 11-22　船舶、排筏或者地段要求减速

2. 重载人力船、帆船要求机动船加速时

（1）夜间　用白光灯或者白光手电筒，在空中上下挥动。

（2）白天　用白色信号旗，在空中上下挥动。

十、失去控制的船舶

（1）夜间　除应显示舷灯和尾灯外，还应当显示两盏红光环照灯（图 11-23②）。

（2）白天　应悬挂圆球两个（图 11-23①）。

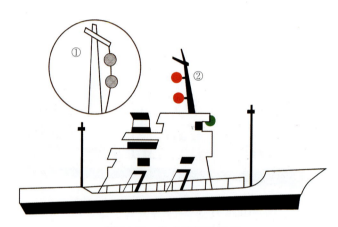

图 11-23　失去控制的船舶

十一、船舶眠桅

"眠桅"是指由于桥梁、架空设施的净空高度的限制使船舶通过时所必需的倒桅。船舶眠桅时，无法正常显示桅灯，因此必须设置替代桅灯的号灯。即规定在两舷灯光源连线中点上方不受遮挡处显示一盏白光环照灯，代替桅灯，通过后立即恢复原状。

十二、监督艇和航标艇

1. 监督艇

监督艇执行公务时，应显示舷灯、尾灯和一盏红闪光旋转灯（图 11-24）。

2. 航标艇

（1）在航时　应显示舷灯、尾灯和两盏垂直绿光环照灯（图 11-25）。

（2）停泊时　应显示两盏垂直绿光环照灯。

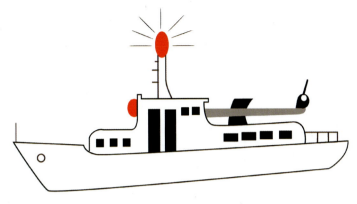

图 11-24　监督艇执行公务

图 11-25　航标艇

十三、渔船

1. 渔船不捕鱼时

显示一般船舶的规定信号。

2. 机动船捕鱼时

（1）夜间　机动船在航捕鱼时，除显示机动船在航号灯外，还应当显示绿、白光环照灯各一盏；机动船锚泊捕鱼时，除显示机动船停泊号灯外，还应当显示绿、白光环照灯各一盏（图 11-26①）。

（2）白天　不论机动船在航捕鱼还是锚泊捕鱼时，均应当悬挂尖端相对的两个圆锥体所组成的号型（图 11-26②）。

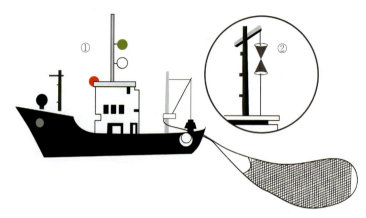

图 11-26　机动船捕鱼

3. 人力船、帆船捕鱼时

（1）夜间　不论在航捕鱼还是停泊捕鱼时，均应当显示白光环照灯一盏（图 11-27①）。

（2）白天　不论在航捕鱼还是停泊捕鱼时，均应悬挂篮子一个（图 11-27②）。

图 11-27　人力船、帆船捕鱼

4. 渔船在外伸渔具时（在渔具伸出方向）

（1）夜间　应显示白光环照灯一盏。

（2）白天　应悬挂三角红旗一面。

第十二章 声响信号

第一节 声响信号设备

根据《规则》第四十二条（声响信号设备）规定："机动船应当配备号笛一个、号钟一只。非自航船、人力船、帆船、排筏应当配备号钟或者其他有效响器一只。"

一、号笛

号笛是指能够发出规定笛声并符合《规则》附录二所载规格的声响器具。

号笛的鸣放方式分为：①"短声"是指历时约 1 s 的笛声；②"长声"是指历时 4～6 s 的笛声；③ 一组声号内各笛声的间隔时间约为 1 s，组与组声号的间隔时间约 6 s。

笛声的长短及间隔要准确清晰，应严格按规定要求鸣放，如笛声历时过长或过短，均可能造成他船的误听误解，而产生严重后果。

二、号钟

号钟或者其他具有类似音响特性的器具所发生的声压级，在距它 1 m 处，应当不小于 110 dB（分贝）。号钟应当由抗蚀材料制成，并能发生清晰音响。船舶长度 30 m 以上的，号钟口的直径应不小于 300 mm；船舶长度未满 30 m 的，号钟口的直径应不小于 200 mm。钟锤的重量应当不小于钟重量的 3%。

第二节 声号的含义

声号的含义见表12-1。

表 12-1　声号的含义

船　　舶	声　　号	含　　义
在航的机动船	一短声	我正在向右转向
		当和其他船舶对驶相遇时，要求从我左舷会船
	两短声	我正在向左转向
		当和其他船舶对驶相遇时，要求从我右舷会船
	三短声	表示我正在倒车或者有后退倾向
	四短声	不同意你的要求
	五短声	怀疑对方是否已经采取充分的避让行动，并警告对方注意
	一长声	我将要离泊
		我将要横越
		要求来船或者附近船舶注意
	两长声	我要靠泊
		我要求通过船闸
	一长一短声	掉头时，表示"我向右掉头"
		进出干、支流交汇水域或者汊河口时，表示"我将要或者正向右转弯"
	一长两短声	掉头时，表示"我向左掉头"
		进出干、支流交汇水域或者汊河口时，表示"我将要或者正向左转弯"
	两长一短声	追越船舶要求从前船右舷通过
	两长两短声	追越船舶要求从前船左舷通过
	一短一长一短声	要求他船减速或者停车
	一短一长声	我已经减速或者停车
	一长一短一长声	我希望和你联系
	一长一短一长一短声	同意你的要求
	一长两短一长声	要求来船同意我通过
	三长声	有人落水
	一长三短声	拖船通知被拖船舶、排筏注意

第三节　声号的识别与运用

一、机动船对驶相遇

1. 下行船（顺流船）优先鸣放会船声号

根据《规则》第四十四条第（一）款规定："两机动船对驶相遇，下行船（顺流船）应当在相距1 km以上处谨慎考虑航道情况和周围环境，及早鸣放会船声号。"可见，下行船（顺流船）具有鸣放会船声号的优先权。所谓"会船声号"，在这里是指要求来船从我左舷或者右舷会船的声号，即"一短声"或者"两短声"。之所以下行船（顺流船）具有鸣放会船声号的优先权，是因为下行船（顺流船）是被让路船，而上行船（逆流船）是让路船。下行船（顺流船）在鸣放会船声号确定会船意图时，必须谨慎考虑航道情况和周围环境，对两船的航路和来船动态应作出准确判断，确保双方避让意图的统一。

2. 会船声号和会船灯光信号（红、绿闪光灯）的统一

要求上行船（逆流船）听到下行船（顺流船）鸣放的会船声号后，如无特殊情况，应当立即回答相应的会船声号。在鸣放声号的同时，夜间还应当配合使用红、绿闪光灯，白天也可以配合使用白色号旗。

鸣放声号一短声时，夜间连续显示红闪光灯，白天在左舷挥动白色号旗，表示要求来船从我左舷会过；鸣放声号两短声时，夜间连续显示绿闪光灯，白天在右舷挥动白色号旗，表示要求来船从我右舷会过。

二、机动船与非机动船相遇

机动船发现人力船、帆船有碍本船航行，要求其让路时，首先应鸣放声号一长声以引起注意，还应根据人力船、帆船的位置和动向，鸣放一短声或两短声，表示本船动向，从人力船、帆船某一侧水域通过。人力船、帆船应当根据机动船的要求，迅速离开机动船的航路或尽量靠边行驶。

三、机动船驶经支流河口或者汊河口

机动船驶经支流河口或者汊河口前，应当鸣放声号一长声以引起他船注意。机动船进出这些水域时，如需向右转则应鸣放声号一长一短声，如需向左转弯则应鸣放声号一长两短声，以表示本船动向。

四、机动船与在航施工的工程船对驶相遇

机动船与在航施工的工程船对驶相遇，应当在相距1 km以上处鸣放声号一长声，待在航施工的工程船发出会船声号后，应回答相应的会船声号，并谨慎通过。

五、能见度不良时的声响信号

能见度不良时的声响信号见表 12-2。

表 12-2　能见度不良时的声响信号

声响信号设备	声号	船舶类别和动态	间隔时间
号笛	一长声	在航的机动船	约 1 min
	两短一长声	在航的客渡船	约 1 min
号钟或者有效响器	急敲约 5 s	在航的人力船、帆船、排筏	约 1 min
号钟或者有效响器	急敲约 5 s	锚泊的机动船、非自航船、排筏	约 1 min
号钟或者有效响器	听到来船的声号后急敲	锚泊的人力船、帆船	不间断，直到判定来船已对本船无碍时为止

注：能见度不良时，在航的客渡船鸣放声号"两长一短"的间隔时间约 1 min。

六、遇险信号

船舶遇险需要其他船舶救助时，应当同时或者分别使用的信号为：① 用号笛、号钟或其他有效响器连续发出急促短声；② 用无线电极或任何其他通信方法发出莫尔斯码组——（SOS）的信号；③ 用无线电话发出"求救"或者"梅代"（MAYDAY）语音的信号；④ 在船上燃放火焰；⑤ 人力船、帆船遇险时白天摇红色号旗，夜间摇红光灯或者红光手电筒。

第三篇

轮机常识

第十三章　柴油机常识

第一节　柴油机的基本概念及类型

柴油机是一种以柴油为燃料的压燃式往复运动内燃机。柴油机利用压缩产生的高温引燃燃油，是区别其他内燃机的本质特征。

一、柴油机的分类

根据柴油机的工作方式及特点，柴油机有不同的分类方法。

1. 按工作循环分

按工作循环分有四冲程柴油机和二冲程柴油机。两者的区别是：四冲程柴油机活塞运动四个行程（即曲轴回转两周）完成一个工作循环；二冲程活塞运动两个行程（曲轴回转一周）完成一个工作循环。内河渔船多采用四冲程柴油机作为动力。

2. 按结构特点分

按结构特点分有筒形活塞式柴油机和十字头式柴油机。内河渔船多使用筒形活塞柴油机。

二、柴油机的型号

每种柴油机都有自己特定的代号，称为柴油机的型号。常见国产船用柴油机型号由以下四部分组成：

（1）首部　首部包括产品系列符号和换代标志符号，由制造厂根据需要自选相应的字母表示，但须经主管部门核准。

（2）中部　中部由缸数符号、冲程符号、气缸排列形式符号和缸

读一读

　　例如，195 系列柴油机的含义为：1 只缸直列式、缸径为 95 mm。

径符号等组成。

（3）后部 后部包括结构特征和用途特征符号，以字母表示。

（4）尾部 尾部包含区分符号。同一系列产品因改进等原因需要区分时，由制造厂选用适当符号表示。

三、柴油机的常用术语

（1）上止点 上止点指活塞在气缸中运动到离曲轴中心线最远的位置（图 13-1）。

（2）下止点 下止点指活塞在气缸中运动到离曲轴最近的位置。

（3）曲柄半径（R） 曲柄半径是曲轴主轴径中心线与曲柄销中心线的距离。

（4）行程（S） 行程指活塞从上（下）止点移动到下（上）止点间的直线距离。它等于曲轴曲柄半径 R 的 2 倍（$S=2R$）。活塞移动一个行程，相当于曲轴转动 180°曲轴转角（CA）。

（5）缸径（D） 缸径指气缸的内径。

（6）压缩容积（V_c） 压缩容积是活塞在位于上止点时，活塞的顶部与气缸盖的底面之间的气缸空间。

（7）工作容积（V_s） 工作容积是活塞从上止点运动到下止点所扫过的气缸空间。

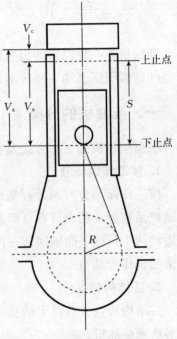

图 13-1 柴油机基本结构参数

（8）气缸总容积（V_a） 气缸总容积是活塞在下止点时，活塞顶部与气缸之间的容积。

第二节 柴油机的基本组成及工作原理

一、柴油机概述

柴油机的基本结构一般可分为固定件、运动件、辅助机构和辅助系统四大部分。一箱式柴油机的基本结构示意图，如图 13-2 所示。

1. 固定件

固定件包括气缸盖、气缸体、气缸套、机架、机座、主轴承等。气缸盖、气缸套和活塞顶部形成一个封闭的空间，称为"燃烧室"。气缸套固定在气缸体内，气缸体固定在机架上，机架连同它上面的一切零部件安装在机座上，机座属于船体结构的一部分。机座与机架所包围形成的空间称为"曲柄箱"。

2. 运动件

运动件包括活塞组件（活塞本体、活塞销、活塞环）、连杆、曲轴。它们组成了"曲柄连杆"机构，将活塞的往复运动转变为曲轴的回转运动。

3. 辅助机构

辅助机构包括进气阀、排气阀、配气和燃油凸轮轴及其传动机构等。

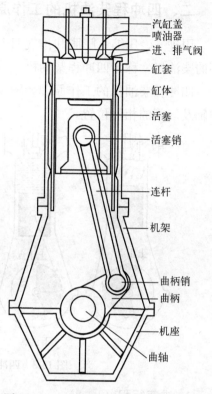

图 13-2　一箱式柴油机基本结构示意图

气阀由曲轴通过中间齿轮、凸轮轴、顶杆、摇臂等进行控制，称为"配气机构"。这些机构用以控制柴油机的燃油喷射时刻、气阀开闭时刻、气动阀开闭时刻等。

4. 辅助系统

辅助系统包括燃油系统、冷却系统、润滑系统、操纵系统等。

（1）燃油系统　燃油系统将高压燃油以一定的时刻、定量地喷入燃烧室，主要包括燃油泵、喷油器、高压油管等。

（2）冷却系统　冷却系统的作用是对燃烧室周围承受高温的部件进行冷却。

（3）润滑系统　润滑系统是向有相对运动的零部件之间注入润滑油，以减少摩擦力并带走因摩擦而产生的热量。

（4）操纵系统　操纵系统是为了实现对柴油机进行启动、换向、调速、连锁、安全保护和报警等操作而设置的专门执行机构。

二、四冲程柴油机的工作原理

用进气、压缩、膨胀和排气四个行程（曲轴回转两转）完成一个工作循环的柴油机，称为四冲程柴油机。

四冲程柴油机的工作原理如图 13-3 所示。图示四个行程中活塞、连杆、曲轴及气阀的相对位置。

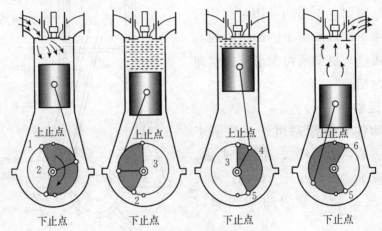

图 13-3　四冲程柴油机工作原理

1. 进气行程（1~2）

进气行程是空气进入气缸时相应的活塞行程。

曲轴旋转时带动活塞从上止点向下止点运动，此时进气阀打开，排气阀关闭。由于活塞下行的抽吸作用，当气缸内压力低于外界大气压力时，新鲜空气经过进气阀充入气缸。

为了能充入更多的空气，进气阀一般在活塞到达上止点之前提前开启（曲柄位于点 1），到下止点后延迟关闭（曲柄位于点 2），气阀开启的延续角（图中阴影线部分）为 $220°\sim250°$ 曲柄转角（CA）。

2. 压缩行程（2~3）

压缩行程是空气在气缸内被压缩时相应的活塞行程。曲轴继续旋转，活塞从下止点向上止点运动，待进气阀关闭后，气缸内成为封闭空间，活塞开始对缸内空气进行压缩，直到上止点（点 3）结束。

活塞上行压缩缸内空气，使其温度和压力均不断升高，压缩终点（即活塞行至上止点位置）时，压力为 $3\sim6$ MPa；温度可达为 $500\sim700$ ℃，该温度足以使喷入气缸内的燃油自燃（燃油自燃温度为 $210\sim270$ ℃）。压缩终点的压力与温度可由压缩比控制，其越大，则压缩终点时气缸内的压力和温度越高，燃烧速度越快，发动机功率也越大。但压缩比过高，容易引起爆燃。一般压缩比控制在 16～22。

在接近压缩终点时（上止点前），燃油经喷油器以雾化的状态喷入燃烧室与空气混合，并在高温高压空气的作用下，开始发火燃烧。

3. 膨胀行程（3～4～5）

膨胀行程包括燃油在气缸中燃烧、燃气膨胀时相应的活塞行程。

（1）燃烧过程（3～4）　燃油与空气的混合气在压缩终点空气的高温作用下，被引燃后猛烈燃烧，缸内的压力和温度急剧升高，活塞越过上止点时缸内达到最高压力 A（亦称爆发压力），活塞在上止点后某一时刻（图中点4）之后，缸内最高温度可达 1 500～2 000 ℃，燃烧基本结束。

（2）膨胀过程（4～5）　缸内的燃气受热压力迅速升高。高温高压的燃气膨胀推动活塞下行，带动曲柄转动，输出机械功。当活塞到达下止点前某一时刻（点5），排气阀开启时，膨胀行程结束。此时，气缸内的压力降至 0.3～0.6 MPa，温度为 600～700 ℃。

4. 排气行程（5～6）

排气行程是燃烧后的废气从气缸中排出时，相应的活塞行程。

排气阀开启，活塞仍在下行，废气依靠气缸内外压力差经排气阀排出，废气压力迅速下降；当活塞由下止点上行时，废气被活塞强行推挤出气缸。

为了尽可能将废气排除干净，排气阀一直延迟到上止点后（点6）才关闭。利用排气阀延迟关闭和排气的流动惯性，可以实现惯性排气（过后排气）。排气阀开启的延续角度（5～6）为 230°～260°曲柄转角。

第三节　柴油机常见故障及检修

一、判断柴油机的工作状态

通过柴油机的排气颜色能大概判断其工作状况：正常的排气颜色应是隐约可见的淡灰色，当出现下列烟色时，说明柴油机工作不正常。

1. 排气呈黑色

排气呈黑色主要是由于燃烧不完全所致，其具体原因有：① 喷油器启阀压力太低、喷油器漏油、喷孔部分堵塞或喷油器部分弹簧部分断掉等使燃油雾化不良；② 喷油器油泵供油定时太迟而产生后燃，可通过测取示功图进行验证；③ 燃油质量不合要求；④ 压缩压力过低，应酌情检查增压系统或活塞环的工作状态；⑤ 排气阀漏气；⑥ 超负荷运行或由于负荷分配不均而造成某些缸超负荷。

2. 排气呈蓝色

排气呈蓝色主要是大量滑油进入燃烧室造成的。应检查刮油环是否失效或装反，或检查增压器轴封是否漏油。

3. 排气呈白色

排气呈白色则说明排气中有大量水蒸气，应检查是否因气缸套或气缸盖有裂纹，或空气冷却器管漏水而使冷却水漏入气缸。

二、拉缸的现象、原因及应急处理措施

拉缸指活塞环或活塞裙与气缸套之间直接接触，由两个相对运动表面的相互作用而发生的表面损伤、划痕甚至咬死。此种损伤按照程度不同可分为划伤、拉缸和咬缸，在广义上统称拉缸。

柴油机拉缸时的症状有：① 气缸内出现活塞与气缸壁的干摩擦异常响声；② 该缸活塞越过上止点位置时发生敲击声；③ 柴油机转速会迅速下降或自行停车；④ 曲轴箱温度升高，甚至有烟气冒出。

拉缸的原因十分复杂，既有设计、制造与装配上的原因，也有运转管理中的原因。运行管理中的主要原因有：①气缸润滑不良；②磨合不良；③活塞与气缸间隙不正常；④硬质微粒进入摩擦面；⑤燃油、润滑油净化不良；⑥进气带有粉尘；⑦冷却不良；⑧活塞环断裂。

当发现拉缸时，必须迅速降低转速，然后停车。继续增加活塞冷却，同时进行盘车。但此时切勿加强气缸冷却，否则会使拉缸加剧，使事故更加恶化。如因活塞咬死而不能盘车时，可待活塞冷却一段时间后，再行盘车使之活动。当活塞咬死的情况比较严重时，可向气缸内注入煤油，待活塞冷却后撬动飞轮或盘车。如活塞仍不能动作时，可将起吊螺栓装在活塞顶上用吊车吊出活塞。起吊时应边注入煤油，边用软金属敲打活塞顶，慢慢吊出活塞，防止起吊螺栓拉断或起吊螺孔拉坏。

三、敲缸的类型、原因及应急处理措施

柴油机在运行中产生有规律性的不正常异声或敲击声这一现象称为敲

缸。敲缸的原因通常为喷油器或喷油泵损坏或运动部件间隙不正常。

柴油机发生敲缸时，应首先采取降速运行的措施，避免部件损坏。如判定是燃烧敲缸，再停车进行检查。

第四节　燃油及润滑油

一、柴油的种类及牌号

国家标准中，柴油的牌号是用凝点来表示的。可分为轻柴油、重柴油和重油三种，内河渔船柴油机基本都使用轻柴油。

我国生产的轻柴油由国家规定标准，按凝点不同分为 $10^{\#}$、$0^{\#}$、$-10^{\#}$、$-20^{\#}$ 及 $-35^{\#}$ 五个等级，也就是说它们的凝点分别为 10 ℃、0 ℃、-10 ℃、-20 ℃和-35 ℃。所以选用轻柴油要根据当地冬天最低环境温度而定，一般最低环境温度应高出凝点温度 5 ℃以上，轻柴油是质量最好、价格最贵的柴油机燃料。

二、润滑油的质量等级及使用须知

（一）润滑油的质量等级

1. 按黏度分级

内燃机润滑油的牌号是以某一温度下的黏度来划分的：使用时根据环境温度（气温）高低选用适当牌号的润滑油。国际上普遍采用美国汽车工程师协会（SAE）分类法。SAE 分类法把内燃机分成十个黏度等级，冬用内燃机滑油有 0 W、5 W、10 W、15 W、20 W、25 W 六级，夏用内燃机滑油有 20、30、40 和 50 四级。

2. 按使用性能分级

按使用性能分级是润滑油按规定程序及条件运转一段较长时间后，根据润滑油在工作中的表现来确定其等级。国际上比较通用的是美国石油协会（API）为主提出的分级标准。柴油机润滑油用 C 系列，目前使用的有 CD、CE、CF 等级别，第二个字母越靠后说明润滑油等级越高。

（二）润滑油的选用

在选用润滑油时，应首先根据制造厂的推荐牌号选用。若无法获得推荐牌号润滑油时可选用一种与推荐用油的黏度等级和质量等级相近的润滑油。而且要注意不可随意与其他油品混兑。

（三）润滑油的变质及危害

曲轴箱油在循环使用中其性质不可避免地会发生变化。当它变化到不能满足使用要求时需进行处理与更换。在正常使用条件下，润滑油变质速度较慢，若管理不当、操作失误或长期工作不良，润滑油变质速度就会加快。

（四）润滑油变质的原因

润滑油变质原因有很多，但主要原因有混入外来物和润滑油本身氧化两种。

1. 混入外来物

混入的外来物主要有淡水和江水、灰尘、各种金属磨屑和焊渣等硬质颗粒、油漆、石棉和棉纱等软杂物、燃油和气缸中的燃烧产物等。

2. 本身氧化

润滑油在使用条件下与空气接触将逐渐氧化而生成有机酸、酚、酯类及多种不溶于油的沉积物，导致润滑油的变质。此时润滑油的颜色变深暗，总酸值增加，黏度和密度增加。润滑油在正常工作温度（不超过 65 ℃）下，氧化并不明显。但下列三项因素将加快氧化过程：

（1）工作温度过高　如活塞环密封不良、润滑油被燃气加热，温度升高。又如轴承因某种原因发生过热，也会使油温升高。

（2）空气进入润滑油中　当氧浓度（气压）高时，润滑油氧化加快。润滑油与空气接触表面积大，润滑油氧化也加快。

（3）催化剂作用　如果油内有氧化催化剂存在，氧化将加快。

（五）润滑油变质的危害

润滑油变质后，易在柴油机部件表面生成积炭、漆膜、油泥，使柴油机易产生爆震，造成材料局部过热、烧熔、粘环、活塞过热卡死等故障。

润滑油变质后，由于润滑油中酸性物质和不溶性物质增加，润滑性能变坏，造成磨损和腐蚀加剧。

润滑油变质后，会使润滑油的黏温性和冷态启动性能变差，甚至造成破坏性故障。

第五节　其他动力装置

船舶除了用柴油机作为动力装置外，还有汽油机、液化天然气（LNG）

等动力装置，本节就这两种动力装置做简要介绍。

一、汽油机动力装置

四冲程发动机的工作循环包括四个活塞行程，即进气行程、压缩行程、膨胀行程（做功行程）和排气行程。

1. 进气行程

化油器式汽油机将空气与燃料先在气缸外部的化油器中进行混合，然后再吸入气缸。进气行程中，进气门打开，排气门关闭。随着活塞从上止点向下止点移动，活塞上方的气缸容积增大，从而气缸内的压力降低到大气压力以下，即在气缸内造成真空吸力。这样，可燃混合气便经进气管道和进气门被吸入气缸。

2. 压缩行程

为使吸入气缸内可燃混合气能迅速燃烧，以产生较大的压力，从而使发动机发出较大功率，必须在燃烧前将可燃混合气压缩，使其容积缩小、密度加大、温度升高，即需要有压缩过程。在这个过程中，进、排气门全部关闭，曲轴推动活塞由下止点向上止点移动一个行程称为压缩行程。

3. 做功行程

在这个行程中，进、排气门仍旧关闭。当活塞接近上止点时，装在气缸盖上的火花塞即发出电火花，点燃被压缩的可燃混合气。可燃混合气被燃烧后，放出大量的热能，因此，燃气的压力和温度迅速增加。高温高压的燃气推动活塞从上止点向下止点运动，通过连杆使曲轴旋转并输出机械能，除了用于维持发动机本身继续运转而外，其余即用于对外做功。

4. 排气行程

可燃混合气燃烧后生成的废气，必须从气缸中排除，以便进行下一个进气行程。

当膨胀接近终了时，排气门开启，靠废气的压力进行自由排气，活塞到达下止点后再向上止点移动时，继续将废气强制排到大气中。活塞到上止点附近时，排气行程结束。

综上所述，四冲程汽油发动机经过进气、压缩、燃烧做功、排气四个行程，完成一个工作循环。这期间活塞在上、下止点间往复移动了四个行程，相应地曲轴旋转了两周。

二、液化天然气动力装置

关于液化天然气（LNG）动力装置的工作原理，首先是储存液化天然气的专用气瓶，正常的工作压力为小于 1.59 MPa 大于 0.65 MPa。工作温度为−162 ℃。图 13-4 为 LNG 动力装置的工作原理简图。

在装置启动前，先将主安全阀门打开，液化气瓶内的液体通过气瓶自身的压力，将液体释放到汽化器中。正常情况下使用气瓶时最小工作压力不低于 0.65 MPa，否则会出现发动机供气不足、动力性下降，并且导致催化转化器烧结等现象。由于汽化器是

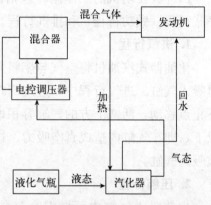

图 13-4　LNG 动力装置工作原理简图

通过发动机冷热水来对低温度体进行加热的，所以经过汽化器的液态天然气被汽化成气态天然气。汽化器安装时应注意安装在靠近发动机进气管和振动较小的位置，不能直接安装在发动机上，同时要注意汽化器安装的位置不能高于发动机散热器的顶部，否则会导致加热水不能流经汽化器，汽化器结冰冻裂。当气体通过调压器时，该系统采用电控调压方式来控制天然气量，安装时应保证电控调压器天然气出口离混合器进气口距离应控制在 500 mm 以内。最后天然气与空气在混合器中混合，从而提供发动机燃料。燃烧后的气体经过催化转化器排到大气中，由于有污染的气体在催化转化器中参与化学反应，最终排到大气中的只是碳氢化合物。

第十四章　挂桨装置常识

第一节　挂桨装置的基本结构及分类

船用挂桨机将柴油机和螺旋桨组合一体，外挂在船艉，螺旋桨伸入水中，旋转推动船舶前进。挂桨机一般有两种，一种是小型渔船使用的，结构简单，功率11～15 kW，有舵，转向时柴油机和螺旋桨不移动，舵叶转向，主机是柴油机；另一种是快艇和中小型游艇使用的，结构复杂，功率大，目前应用的单机最大可达250马力，这种挂机没有舵叶，转向时整个机体移动，改变螺旋桨推水的方向使船转向，这种机器转速非常高，以汽油机为主。

船用挂桨机由方向盘、支架、方向杆、方向齿轮、摩擦式离合器、花键轴、I级换向齿轮、上箱体、轴套、中轴、下箱体、前后端盖、II级换向齿轮、尾轴螺旋桨、方向舵等部件构成，采用这种结构后，船用挂桨机离合时运行平衡，齿轮寿命延长，为船只提供更高的承载功率，减轻船员操纵方向盘时的劳动强度（图14-1）。

图14-1　船用挂桨机示意图

一般常见有柴油机挂桨机、汽油机挂浆机、电动挂浆机及天然气挂浆机。

第二节　挂桨机的工作原理及操作注意事项

挂桨机的工作原理较为简单，它主要分为两大部分，即原动机和传动部分。一般挂桨机将舵和桨作为整体，这样结构更为紧凑（图14-2）。

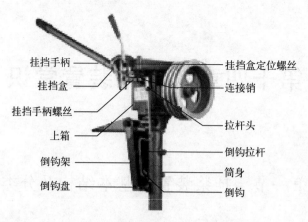

挂挡手柄	挂挡盒定位螺丝
挂挡盒	连接销
挂挡手柄螺丝	
上箱	拉杆头
倒钩架	倒钩拉杆
	筒身
倒钩盘	倒钩

图 14-2　挂桨机的结构及工作原理

一般原动机将动力以带传动的形式传递给挂桨部分，动力到螺旋桨要经过两个 90°的转角，所以这种传动方式称 Z 形传动。

一、安装

① 挂机装于船尾，船舶空载禁止时，挂机的机身轴线应和水平面垂直，螺旋桨轴线应该在水平面下 30 cm 以上。

② 固定倒钩架的后仓板，承受整机重量必须坚实牢固。

③ 装上三角皮带，同时调节机座上的四个螺栓，使皮带松紧适当（用手按压皮带中部，能按下 1～2 cm）。

二、使用前的准备工作

开机前检查机油油位，拔出油尺看油面是否在上下刻度之间，油量不足一定要及时补充。按说明书规定的油品添加，不同的油品不能混加。

三、挂机的操作注意事项

① 柴油机启动前，挂挡手柄应该在"停"位置，待正常运转后方可挂挡行驶。

② 严禁高速换挡和急速转向及熄火后停车扳动进退档。

③ 每次使用前应仔细检查原动机的燃油、润滑油油位、冷却水水位、连接皮带的状况及挂桨机部分的润滑油情况，螺栓紧固的检查。

使用过程中密切注意原动机的润滑油压、冷却温度及挂桨机部分的润滑情况。连接螺栓有松动的应及时处理。

第十五章　渔船电气常识

第一节　渔船电气的组成

一、渔船电气系统的组成

小型渔船电气系统主要由电源、配电装置和负载三部分组成。

1. 电源

渔船电源是将其他形式的能量转换为电能的装置，通常是蓄电池组。

2. 配电装置

渔船配电装置是接受和分配电能的装置。

3. 负载

负载即船舶用电设备，它是将电能转换成其他形式能量的装置，如启动、活鱼增氧机、照明灯具等。

二、渔船电气系统的基本参数

渔船电气系统的基本参数主要是指船舶主电网的电流种类、额定电压和额定频率。

1. 电流种类

电流分为直流和交流两种。

2. 额定电压

对于用电设备都有规定的标准额定电压，内河渔船用电设备的额定电压通常有 12 V、24 V、36 V、220 V 等，遵从电源电压的额定值比同级电力系统或用电设备的额定电压高 5% 左右的原则，蓄电池组也按这个比例配备。

3. 额定频率

我国采用的频率为 50 Hz。

接岸电时一定要确保电流的种类、电压和频率与本船相同才可以使用。

第二节　蓄电池的正确使用与管理

可以反复充放电使用的电池称为蓄电池或二次电池，它是电能和化学能相互转换的一种储能装置。在渔船上蓄电池作为一种低压直流电源向通信、助航、信号等设备供电。

根据电极和电解液物质的不同，蓄电池可分为酸性蓄电池和碱性蓄电池两大类。

一、酸性蓄电池的使用及保养

① 酸性蓄电池应及时正确充电。

② 及时调整与补充电解液。

③ 应注意保持清洁。同时为防止极柱夹头生锈，上面应保持一层凡士林油膜。

④ 每15~20天应检查电解液的高度，注液孔应旋紧，以防电解液溅出。

⑤ 为消除极板硫化，应按时进行过充电，定期进行全容量放电。对于经常不带负荷的蓄电池，每月应进行一次充、放电。

⑥ 充电时，电解液的温度不能超过规定值。

⑦ 蓄电池室应保持通风并严禁烟火。

⑧ 蓄电池的测量仪表，如比重计、电压表等应定期进行检查。

⑨ 电解液应每年进行化验检查。

二、碱性蓄电池的使用及保养

① 每次充电前应检查蒸馏水是否充足，不足时应予以补加以保持液面的高度。

② 每年或使用50~100次，应更换电解液。

③ 为增加蓄电池的容量，延长其使用寿命，在碱性蓄电池的电解液中加入一定量的氢氧化锂，特别是在35 ℃以上使用时，应采用氢氧化钠和氢

氧化锂混合电解液。

④ 保持气塞透气或定期打开气塞放气。

⑤ 由于碱性蓄电池的外壳带电（正极），因此保存时不能让金属连接了正负极或让负极与外壳相接触，以防短路。

⑥ 一般工作 10～12 次充放电循环或每月进行一次过充电。充电方法是以正常充电电流充电 6 h，再以正常充电电流的一半连续充电 6 h。

第三节　渔船安全用电

一、安全用电常识

由于缺乏安全用电常识或对电气设备的使用管理不当，触电事故时有发生，船舶属于触电危险场所。

人体通过 0.6～1.5 mA 的交流电流时开始有感觉；8～10 mA 时手已较难摆脱带电体；几十毫安通过呼吸中枢或几十微安直接通过心脏均可致死。因此电流通过人体的路径不同，其伤害程度不同，手和脚间或双手之间触电最为危险。

所谓安全电压是指对人体不产生严重反应的接触电压。我国根据发生触电危险的环境条件将安全电压分为三种类别，其界限值分别为：① 在特别危险（潮湿、有腐蚀性蒸气或游离物等）的建筑物中为 12 V；② 在高度危险（潮湿、有导电粉末、炎热高温、金属品较多）的建筑物中为 36 V；③ 在没有高度危险（干燥、无导电粉末、非导电地板、金属品不多等）的建筑物中为 65 V。

触电急救注意事项

① 就近拉断电源开关，或用干燥不导电的衣物器具使触电者迅速脱离电源，人体各部分都不可直接触及触电者，避免连带触电，并注意触电者脱离电源时的碰伤或摔伤。

② 将触电者置于通风温暖的处所，对呼吸微弱或已停止呼吸但心脏有跳动的要实施人工呼吸抢救，呼吸和心脏都已停止的要实施人工呼吸和人工心脏按压抢救。

二、触电安全防护措施

1. 预防触电措施

① 经常检查、维护电气设备的绝缘和壳体的安全接地，以消除触电隐患。

② 禁止带电检修设备，特殊情况下须使用绝缘合格的工具和护具进行带电操作。

③ 必须按照操作规程及正确的操作方法对电气设备进行操作。

④ 非安全电压便携式电气设备及其电缆、插头等的绝缘容易损坏，安全接地芯线容易折断而不易觉察，使用前必须仔细检查。

⑤ 若电气设备发生火灾时，不能直接用消防水龙灭火，以避免触电。对电气设备最好用二氧化碳灭火器灭火，这样既能避免触电或产生有毒气体，又对电气设备无有害的腐蚀作用。

2. 保护接地

保护接地是将电气设备在正常情况下不带电的金属壳罩或构架等与地做良好可靠的金属连接。

第四篇

职务法规

第十六章　渔业船员职责

一、船员职责

渔业船员在船工作期间，应当履行以下职责：

① 携带有效的渔业船员证书。

② 遵守法律法规和安全生产管理规定，遵守渔业生产作业及防治船舶污染操作规程。

③ 执行渔业船舶上的管理制度、值班规定。

④ 服从机驾长在其职权范围内发布的命令。

⑤ 参加渔业船舶应急训练、演习，落实各项应急预防措施。

⑥ 及时报告发现的险情、事故或者影响航行、作业安全的情况。

⑦ 在不严重危及自身安全的情况下，尽力救助遇险人员。

⑧ 不得利用渔业船舶私载、超载人员和货物，不得携带违禁物品。

⑨ 不得在生产航次中辞职或者擅自离职。

二、机驾长的职责和权力

1. 职责

机驾长是船舶渔业安全生产的直接责任人。机驾长在组织开展渔业生产、保障水上人身与财产安全、防治渔业船舶污染水域和处置突发事件方面，具有独立决定权，并履行以下职责：

① 确保渔业船舶和船员携带符合法定要求的证书、文书以及有关航行资料。

② 确保渔业船舶和船员在开航时处于适航、适任状态，保证渔业船舶符合最低配员标准，保证渔业船舶的正常值班。

③ 服从渔政渔港监督管理机构依据职责对渔港水域交通安全和渔业生产秩序的管理，执行有关水上交通安全、渔业资源养护和防治船舶污染等规定。

④ 确保渔业船舶依法进行渔业生产，正确合法使用渔具，在船人员遵守相关资源养护法律法规。

⑤ 在渔业船员证书内如实记载渔业船员的服务资历和任职表现。

⑥ 按规定申请办理渔业船舶进出港签证手续。

⑦ 发生水上安全交通事故、污染事故、涉外事件、公海登临和港口国检查时，应当立即向渔政渔港监督管理机构报告，并在规定的时间内提交书面报告。

⑧ 全力保障在船人员安全，发生水上安全事故危及船上人员或财产安全时，应当组织船员尽力施救。

⑨ 在不严重危及自身船舶和人员安全的情况下，尽力履行水上救助义务。

2. 权力

机驾长履行职责时，可以行使下列权力：

① 当渔业船舶不具备安全航行条件时，拒绝开航或者续航。

② 对渔业船舶所有人或经营人下达的违法指令，或者可能危及船员、财产或船舶安全，以及造成渔业资源破坏和水域环境污染的指令，可以拒绝执行。

③ 当渔业船舶遇险并严重危及船上人员的生命安全时，决定船上人员撤离渔业船舶。

④ 在渔业船舶的沉没、毁灭不可避免的情况下，报经渔业船舶所有人或经营人同意后弃船，紧急情况除外。

⑤ 责令不称职的船员离岗。

机驾长在其职权范围内发布的命令，船舶上所有人员必须执行。

三、值班船员职责

渔业普通船员在船舶航行、作业、锚泊时应当按照规定值班。值班船员应当履行以下职责：

① 熟悉并掌握船舶的航行与作业环境、航行与导航设施设备的配备和使用、船舶的操控性能、本船及邻近船舶使用的渔具特性，随时核查船舶的航向、船位、船速及作业状态。

② 按照有关的船舶避碰规则以及航行、作业环境要求保持值班瞭望，并及时采取预防船舶碰撞和污染的相应措施。

③ 如实填写有关船舶法定文书。

④ 在确保航行与作业安全的前提下交接班。

第十七章　渔业法律法规

第一节　渔业船员管理

为加强渔业船员管理，维护渔业船员合法权益，保障渔业船舶及船上人员的生命财产安全，农业部2014年5月23日颁布了《中华人民共和国渔业船员管理办法》（中华人民共和国农业部令2014年第4号），自2015年1月1日起施行。

一、渔业船员分类

渔业船员是指服务于渔业船舶，在渔业船舶上具有固定工作岗位的人员。

渔业船员分为职务船员和普通船员。职务船员是负责船舶管理的人员，包括以下五类：

① 驾驶人员，职级包括船长、船副、助理船副。

② 轮机人员，职级包括轮机长、管轮、助理管轮。

③ 机驾长。

④ 电机员。

⑤ 无线电操作员。

普通船员是职务船员以外的其他船员。

内陆渔业船舶职务船员职级由各省级人民政府渔业主管部门参照海洋渔业职务船员职级，根据本地情况自行确定，报农业部备案。

二、渔业船员证书

渔业船员实行持证上岗制度。渔业船员应当按照本办法的规定接受培训，经考试或考核合格、取得相应的渔业船员证书后，方可在渔业船舶上工作。

内陆渔业职务船员证书等级分为：

(1) 驾驶人员证书　① 一级证书：适用于船舶长度24 m以上设独立机舱的

渔业船舶；② 二级证书：适用于船舶长度不足 24 m 设独立机舱的渔业船舶。

（2）轮机人员证书 ① 一级证书：适用于主机总功率 250 kW 以上设独立机舱的渔业船舶；② 二级证书：适用于主机总功率不足 250 kW 设独立机舱的渔业船舶。

3. 机驾长证书 适用于无独立机舱的渔业船舶上，驾驶与轮机岗位合一的船员。

三、渔业船员基本要求

《中华人民共和国渔业船员管理办法》第七条规定："申请渔业普通船员证书应当具备以下条件：

（一）年满 16 周岁；

（二）符合渔业船员健康标准；

（三）经过基本安全培训。"

《中华人民共和国渔业船员管理办法》第八条规定："申请渔业职务船员证书应当具备以下条件：

（一）持有渔业普通船员证书或下一级相应职务船员证书；

（二）年龄不超过 60 周岁，对船舶长度不足 12 m 或者主机总功率不足 50 kW 渔业船舶的职务船员，年龄资格上限可由发证机关根据申请者身体健康状况适当放宽；

（三）符合任职岗位健康条件要求；

（四）具备相应的任职资历条件，且任职表现和安全记录良好；

（五）完成相应的职务船员培训，在远洋渔业船舶上工作的驾驶和轮机人员，还应当接受远洋渔业专项培训。"

渔业船员健康标准

1. 视力（采用国际视力表及标准检查距离）

① 驾驶人员：两眼裸视力均 0.8 以上，或裸视力 0.6 以上且矫正视力 1.0 以上。

② 轮机人员：两眼裸视力均 0.6 以上，或裸视力 0.4 以上且矫正视力 0.8 以上。

2. 辨色力

① 驾驶人员：辨色力完全正常。

② 其他渔业船员：无红绿色盲。

3. 听力

双耳均能听清 50 cm 距离的秒表声音。

4. 其他

① 患有精神疾病、影响肢体活动的神经系统疾病、严重损害健康的传染病和可能影响船上正常工作的慢性病的，不得申请渔业船员证书。

② 肢体运动功能正常。

③ 无线电人员应当口齿清楚。

申请内陆渔业职务船员证书资历条件

①初次申请：在相应渔业船舶担任普通船员实际工作满 24 个月；②申请证书等级职级提高：持有下一级相应职务船员证书，并实际担任该职务满 24 个月。

四、渔业船员培训考试发证

渔业船员培训机构应当建立渔业船员培训档案。学员参加培训课时达到规定培训课时 80％的，渔业船员培训机构方可出具渔业船员培训证明。

渔业船舶考试包括理论考试和实操评估。

渔业船员证书的有效期不超过 5 年。证书有效期满，持证人需要继续从事相应工作的，应当向有相应管理权限的渔政渔港监督管理机构申请换发证书。渔政渔港监督管理机构可以根据实际需要和职务知识技能更新情况组织考核，对考核合格的，换发相应渔业船员证书。

渔业船员证书期满 5 年后，持证人需要从事渔业船员工作的，应当重新申请原等级原职级证书。

内陆渔业职务船员证书考试科目

① 驾驶人员理论三科，包括：渔船驾驶、避碰规则及船舶管理；实操一科，内容包括：船舶操作和船舶应急处理。

② 轮机人员理论三科，包括：渔船主机、机电常识、轮机管理；实操一科，内容包括：动力设备操作、动力设备运行管理、机舱应急处置。

③ 机驾长理论一科：内容包括法律法规、避碰规则、渔船驾驶、轮机常识；实操一科，内容包括小型渔船操控。

④ 内陆渔业普通船员（基本安全培训）证书考试科目理论一科，内容包括：水上求生、船舶消防、急救、渔业安全生产操作规程等；实操一科，内容包括：求生、消防、急救等。

第二节　渔业船舶管理

一、船舶检验

为了规范渔业船舶的检验，保证渔业船舶具备安全航行和作业的条件，保障渔业船舶和渔民生命财产的安全，防止污染环境，《中华人民共和国渔业船舶检验条例》2003 年 6 月 11 日经国务院第 11 次常务会议通过，中华人民共和国国务院令第 383 号公布，自 2003 年 8 月 1 日起施行。

（一）检验原则
渔业船舶检验，应当遵循安全第一、保证质量和方便渔民的原则。

（二）检验制度
国家对渔业船舶实行强制检验制度。强制检验分为初次检验、营运检验和临时检验。

1. 初次检验
渔业船舶的初次检验，是指渔业船舶检验机构在渔业船舶投入营运前对其所实施的全面检验。

下列渔业船舶的所有者或者经营者应当申报初次检验：① 制造的渔业船舶；② 改造的渔业船舶（包括非渔业船舶改为渔业船舶、国内作业的渔业船舶改为远洋作业的渔业船舶）；③ 进口的渔业船舶。

2. 营运检验
渔业船舶的营运检验，是指渔业船舶检验机构对营运中的渔业船舶所实施的常规性检验。

营运中的渔业船舶的所有者或者经营者应当按照国务院渔业行政主管部

门规定的时间申报营运检验。渔业船舶检验机构应当按照国务院渔业行政主管部门的规定，根据渔业船舶运行年限和安全要求对下列项目实施检验：① 渔业船舶的结构和机电设备；② 与渔业船舶安全有关的设备、部件；③ 与防止污染环境有关的设备、部件；④ 国务院渔业行政主管部门规定的其他检验项目。

3. 临时检验

渔业船舶的临时检验，是指渔业船舶检验机构对营运中的渔业船舶出现特定情形时所实施的非常规性检验。

有下列情形之一的渔业船舶，其所有者或者经营者应当申报临时检验：① 因检验证书失效而无法及时回船籍港的；② 因不符合水上交通安全或者环境保护法律、法规的有关要求被责令检验的；③ 具有国务院渔业行政主管部门规定的其他特定情形的。

二、船舶登记

为加强渔业船舶监督管理，确定渔业船舶的所有权、国籍、船籍港及其他有关法律关系，保障渔业船舶登记有关各方的合法权益，农业部 2012 年10 月 22 日颁布了《中华人民共和国渔业船舶登记办法》（中华人民共和国农业部令 2012 年第 8 号），2013 年 12 月 31 日农业部令 2013 年第 5 号修订，自 2013 年 1 月 1 日起施行。

（一）船名与船籍港

渔业船舶只能有一个船名，渔业船舶登记的港口是渔业船舶的船籍港。

《中华人民共和国渔业船舶登记办法》第十条规定："有下列情形之一的，渔业船舶所有人或承租人应当向登记机关申请船名：①制造、进口渔业船舶的；②因继承、赠与、购置、拍卖或法院生效判决取得渔业船舶所有权，需要变更船名的；③以光船条件从境外租进渔业船舶的。"

申请渔业船舶船名核定，申请人应当填写渔业船舶船名申请表，交验渔业船舶所有人或承租人的户口簿或企业法人营业执照，并提交下列材料：① 捕捞渔船和捕捞辅助船应当提交省级以上人民政府渔业行政主管部门签发的渔业船网工具指标批准书；② 养殖渔船应当提交渔业船舶所有人持有的养殖证；③ 从境外租进的渔业船舶，应当提交农业部同意租赁的批准文件；④ 申请变更渔业船舶船名的，应当提供变更理由及相关证明材料。

登记机关予以核定的，向申请人核发渔业船舶船名核定书，同时确定该渔业船舶的船籍港，渔业船舶船名核定书的有效期为十八个月。

（二）所有权与国籍登记

渔业船舶所有人应当向户籍所在地或企业注册地的县级以上登记机关申请办理渔业船舶登记。

渔业船舶进行渔业船舶国籍登记，方可取得航行权。

渔业船舶所有权登记，由渔业船舶所有人申请。

申请渔业船舶所有权登记，应当填写渔业船舶所有权登记申请表，并提交下列材料：

① 渔业船舶所有人户口簿或企业法人营业执照。

② 取得渔业船舶所有权的证明文件：制造渔业船舶，提交建造合同和交接文件；购置渔业船舶，提交买卖合同和交接文件；因继承、赠与、拍卖以及法院判决等原因取得所有权的，提交具有相应法律效力的证明文件；渔业船舶共有的，提交共有协议；其他证明渔业船舶合法来源的文件。

③ 渔业船舶检验证书、依法需要取得的渔业船舶船名核定书。

④ 反映船舶全貌和主要特征的渔业船舶照片。

⑤ 原船籍港登记机关出具的渔业船舶所有权注销登记证明书（制造渔业船舶除外）。

⑥ 捕捞渔船和捕捞辅助船的渔业船网工具指标批准书。

⑦ 养殖渔船所有人持有的养殖证。

⑧ 进口渔业船舶的准予进口批准文件和办结海关手续的证明。

⑨ 渔业船舶委托其他渔业企业代理经营的，提交代理协议和代理企业的营业执照。

⑩ 原船籍港登记机关出具的渔业船舶国籍注销或者中止证明书（制造渔业船舶除外）。

⑪ 登记机关依法要求的其他材料。

登记机关准予登记的，向渔业船舶所有人核发渔业船舶所有权登记证书和渔业船舶国籍证书，同时核发渔业船舶航行签证簿，载明船舶主要技术参数。

渔业船舶国籍证书有效期为五年。

（三）抵押权登记

渔业船舶所有人或其授权的人可以设定船舶抵押权，渔业船舶抵押权的设定，应当签订书面合同。

抵押权人和抵押人共同申请渔业船舶抵押权登记，应当填写渔业船舶抵押权登记申请表，并提交下列材料：① 抵押权人和抵押人的户口簿或企业法人营业执照；② 渔业船舶所有权登记证书；③ 抵押合同及其主合同；④ 登记机关依法要求的其他材料。

登记机关准予登记的，应当将抵押权登记情况载入渔业船舶所有权登记证书，并向抵押权人核发渔业船舶抵押权登记证书。

（四）注销登记

渔业船舶办理所有权注销登记的情形包括：① 所有权转移的；② 灭失或失踪满六个月的；③ 拆解或销毁的；④ 自行终止渔业生产活动的。

渔业船舶所有人申请注销登记，应当填写渔业船舶注销登记申请表，并提交下列材料：

① 渔业船舶所有人的户口簿或企业法人营业执照。

② 渔业船舶所有权登记证书、国籍证书和航行签证簿。因证书灭失无法交回的，应当提交书面说明和在当地报纸上公告声明的证明材料。

③ 捕捞渔船和捕捞辅助船的捕捞许可证注销证明。

④ 注销登记证明材料：渔业船舶所有权转移的，提交渔业船舶买卖协议或所有权转移的其他法律文件；渔业船舶灭失或失踪 6 个月以上的，提交有关渔港监督机构出具的证明文件；渔业船舶拆解或销毁的，提交有关渔业行政主管部门出具的渔业船舶拆解、销毁或处理证明；渔业船舶已办理抵押权登记或租赁登记的，提交相应登记注销证明书；自行终止渔业生产活动的，提交不再从事渔业生产活动的书面声明。

⑤ 登记机关依法要求的其他材料。

登记机关准予注销登记的，向渔业船舶所有人出具渔业船舶注销登记证明书。

三、交通安全管理

为了加强内河交通安全管理，维护内河交通秩序，保障人民群众生命、财产安全，国务院 2002 年 6 月 28 日公布了《中华人民共和国内河交通安全管理条例》（中华人民共和国国务院令第 355 号），自 2002 年 8 月 1 日起施行；根据 2011 年 1 月 8 日公布的《国务院关于废止和修改部分行政法规的决定》（中华人民共和国国务院令第 588 号）对第九十条作出修改。

《中华人民共和国内河交通安全管理条例》第十四条规定："船舶在内河

航行，应当悬挂国旗，标明船名、船籍港、载重线。按照国家规定应当报废的船舶、浮动设施，不得航行或者作业。"

第十五条规定："船舶在内河航行，应当保持瞭望，注意观察，并采用安全航速航行。船舶安全航速应当根据能见度、通航密度、船舶操纵性能和风、浪、水流、航路状况以及周围环境等主要因素决定。使用雷达的船舶，还应当考虑雷达设备的特性、效率和局限性。船舶在限制航速的区域和汛期高水位期间，应当按照海事管理机构规定的航速航行。"

第十六条规定："船舶在内河航行时，上行船舶应当沿缓流或者航路一侧航行，下行船舶应当沿主流或者航路中间航行；在潮流河段、湖泊、水库、平流区域，应当尽可能沿本船右舷一侧航路航行。"

第二十条规定："船舶进出港口和通过交通管制区、通航密集区或者航行条件受限制的区域，应当遵守海事管理机构发布的有关通航规定。任何船舶不得擅自进入或者穿越海事管理机构公布的禁航区。"

第四十六条规定："船舶、浮动设施遇险，应当采取一切有效措施进行自救。船舶、浮动设施发生碰撞等事故，任何一方应当在不危及自身安全的情况下，积极救助遇险的他方，不得逃逸。船舶、浮动设施遇险，必须迅速将遇险的时间、地点、遇险状况、遇险原因、救助要求，向遇险地海事管理机构以及船舶、浮动设施所有人、经营人报告。"

第三节 事故调查处理

为加强渔业船舶水上安全管理，规范渔业船舶水上安全事故的报告和调查处理工作，落实渔业船舶水上安全事故责任追究制度，农业部 2012 年 12 月 25 日颁布了《渔业船舶水上安全事故报告和调查处理规定》（中华人民共和国农业部令 2012 年第 9 号），自 2013 年 2 月 1 日起施行。

一、事故种类

水上安全事故，包括水上生产安全事故和自然灾害事故。

水上生产安全事故是指因碰撞、风损、触损、火灾、自沉、机械损伤、触电、急性工业中毒、溺水或其他情况造成渔业船舶损坏、沉没或人员伤亡、失踪的事故。

自然灾害事故是指台风或大风、龙卷风、风暴潮、雷暴、海啸、海冰或其他灾害造成渔业船舶损坏、沉没或人员伤亡、失踪的事故。

二、事故等级

《渔业船舶水上安全事故报告和调查处理规定》第四条规定："渔业船舶水上安全事故分为以下等级：

（一）特别重大事故，指造成三十人以上死亡、失踪，或一百人以上重伤（包括急性工业中毒，下同），或一亿元以上直接经济损失的事故；

（二）重大事故，指造成十人以上三十人以下死亡、失踪，或五十人以上一百人以下重伤，或五千万元以上一亿元以下直接经济损失的事故；

（三）较大事故，指造成三人以上十人以下死亡、失踪，或十人以上五十人以下重伤，或一千万元以上五千万元以下直接经济损失的事故；

（四）一般事故，指造成三人以下死亡、失踪，或十人以下重伤，或一千万元以下直接经济损失的事故。"

三、事故报告

《渔业船舶水上安全事故报告和调查处理规定》第九条规定："发生渔业船舶水上安全事故后，当事人或其他知晓事故发生的人员应当立即向就近渔港或船籍港的渔船事故调查机关报告。"

第十三条规定："渔业船舶在渔港水域外发生水上安全事故，应当在进入第一个港口或事故发生后四十八小时内向船籍港渔船事故调查机关提交水上安全事故报告书和必要的文书资料。

船舶、设施在渔港水域内发生水上安全事故，应当在事故发生后二十四小时内向所在渔港渔船事故调查机关提交水上安全事故报告书和必要的文书资料。"

第十四条规定："水上安全事故报告书应当包括以下内容：

（一）船舶、设施概况和主要性能数据；

（二）船舶、设施所有人或经营人名称、地址、联系方式，船长及驾驶值班人员、轮机长及轮机值班人员姓名、地址、联系方式；

（三）事故发生的时间、地点；

（四）事故发生时的气象、水域情况；

（五）事故发生详细经过（碰撞事故应附相对运动示意图）；

（六）受损情况（附船舶、设施受损部位简图），提交报告时难以查清的，应当及时检验后补报；

（七）已采取的措施和效果；

（八）船舶、设施沉没的，说明沉没位置；

（九）其他与事故有关的情况。"

事故当事人和有关人员应当配合调查，如实陈述事故的有关情节，并提供真实的文书资料。

四、调解

因渔业船舶水上安全事故引起的民事纠纷，当事人各方可以在事故发生之日起三十日内，向负责事故调查的渔船事故调查机关共同书面申请调解。经调解达成协议的，当事人各方应当共同签署《调解协议书》，并由渔船事故调查机关签章确认。

《调解协议书》应当包括以下内容：①当事人姓名或名称及住所；②法定代表人或代理人姓名及职务；③纠纷主要事实；④事故简况；⑤当事人责任；⑥协议内容；⑦调解协议履行的期限。

第四节　渔业捕捞许可管理

一、渔业捕捞

为了加强渔业资源的保护、增殖、开发和合理利用，发展人工养殖，保障渔业生产者的合法权益，促进渔业生产的发展，全国人民代表大会常务委员会颁布了《中华人民共和国渔业法》，自 1986 年 7 月 1 日起施行。2013 年 12 月 28 日《全国人民代表大会常务委员会关于修改〈中华人民共和国海洋环境保护法〉第七部法律的决定》对《中华人民共和国渔业法》作出修改，要求根据该决定作相应修改，重新公布，自公布之日起施行。

国家根据捕捞量低于渔业资源增长量的原则，确定渔业资源的总可捕捞量，实行捕捞限额制度。

具备下列条件的，方可发给捕捞许可证：① 有渔业船舶检验证书；② 有渔业船舶登记证书；③ 符合国务院渔业行政主管部门规定的其他条件。从事捕捞作业的单位和个人，必须按照捕捞许可证关于作业类型、场所、时限、渔具数量和捕捞限额的规定进行作业，并遵守国家有关保护渔业资源的规定，大中型渔船应当填写渔捞日志。

二、捕捞管理

为了保护、合理利用渔业资源，控制捕捞强度，维护渔业生产秩序，保障渔业生产者的合法权益，农业部于 2002 年 8 月 23 日颁布了《渔业捕捞许可管理规定》（中华人民共和国农业部令第 19 号发布）。

国家对捕捞业实行船网工具控制指标管理，实行捕捞许可制度和捕捞限额制度。

内陆水域捕捞业的船网工具控制指标和管理办法，由省、自治区、直辖市人民政府规定。

内陆渔业捕捞许可证，适用于许可在内陆水域的捕捞作业。

申请渔业捕捞许可证，应当提供下列资料：①渔业捕捞许可证申请书；②企业法人营业执照或个人户籍证明复印件；③渔业船舶检验证书原件和复印件；④渔业船舶登记（国籍）证书原件和复印件；⑤渔具和捕捞方法符合国家规定标准的说明资料。

内陆渔业捕捞许可证的使用期限为 5 年。

使用期一年以上的渔业捕捞许可证实行年度审验制度，每年审验一次。

第五节　其　　他

水生野生动物保护

1993 年 10 月 5 日农业部颁布了《中华人民共和国水生野生动物保护实施条例》（中华人民共和国农业部令第 1 号），根据 2010 年 12 月 29 日国务院第 138 次常务会议通过，2011 年 1 月 1 日国务院令第 588 号公布、自发布之日起施行的《国务院关于废止和修改部分行政法规的决定》第一次修正，根据 2013 年 12 月 4 日国务院第 32 次常务会议通过，2013 年 12 月 7 日中华人民共和国国务院令第 645 号公布，自 2013 年 12 月 7 日起施行的《国务院关于修改部分行政法规的决定》第二次修正。其内容主要包括水生野生动物的保护、水生野生动的管理及奖励与惩罚制度，是一项关于保护水生野生动物的行政法规。

《中华人民共和国水生野生动物保护实施条例》第二条规定："本条例所称水生野生动物，是指珍贵、濒危的水生野生动物；所称水生野生动物产品，是指珍贵、濒危的水生野生动物的任何部分及其衍生物。"

任何单位和个人对侵占或者破坏水生野生动物资源的行为，有权向当地渔业行政主管部门或者其所属的渔政监督管理机构检举和控告。

《中华人民共和国水生野生动物保护实施条例》第九条规定："任何单位和个人发现受伤、搁浅和因误入港湾、河汊而被困的水生野生动物时，应当及时报告当地渔业行政主管部门或者其所属的渔政监督管理机构，由其采取紧急救护措施；也可以要求附近具备救护条件的单位采取紧急救护措施，并报告渔业行政主管部门。已经死亡的水生野生动物，由渔业行政主管部门妥善处理。捕捞作业时误捕水生野生动物的，应当立即无条件放生。"

禁止任何单位和个人破坏国家重点保护的和地方重点保护的水生野生动物生息繁衍的水域、场所和生存条件。

参 考 文 献

谢世平，吴乃平，2010. 船舶驾驶与管理 ［M］. 大连：大连海事大学出版社．
丁继民，杨建国，2010. 船舶避碰与信号 ［M］. 大连：大连海事大学出版社．
严竣，刘德宽，封晓黎，2010. 船舶动力装置 ［M］. 大连：大连海事大学出版社．

参 考 文 献